Basic principle of cooking

이해하기 쉬운 조리원리

머리말

최근 1인 가정 증가와 고령화사회로의 진입, 식생활의 서구화, 가정 외 식사의 증가 등 사회환경의 변화에 따라 건강하고 행복한 삶을 추구하는 현대인들에게 식품의 중요성은 높아지고 맛이 좋으면서도 건강한 식품에 대한 관심이 점점 커지고 있다. 우리는 맛있는 음식을 통해 기쁨과 행복을 느끼고 정서적 안정, 사회적 유대관계 형성 등 풍요로운 삶을 보장받고 있기 때문에 식품영양 전공자뿐 아니라 비전공자, 일반인도 식품과 음식에 대한 다양한 정보를 얻으려고 한다.

식품은 그대로 먹기도 하지만 대부분 여러 가지 조리법을 이용하여 다양한 음식을 만들어 먹는다. 조리 본래의 목적을 이루기 위해서는 식품의 특성과 물리화학적 성질을 이해하고 식품 조리과정에서 일어나는 복잡하고 다양한 변화원리를 잘 이해해야 한다.

이에 저자들은 식품영양학, 조리학, 식품공학 등 식품영양 관련 학문 전공자뿐만 아니라 조리와 식품의 성분에 대한 정보를 얻고자 하는 일반인들도 기본적인 식품의 종류와 이들이 조리과정을 거치면서 생기는 변화를 이해하기 쉽도록 과학적 근거와 정보를 제공하고자 하였으며 또한 이들 지식을 실생활에 응용할 수 있도록 집필하였다.

이 책은 조리의 기초가 되는 물과 열에 대해 먼저 다루었다. 아울러 당류 및 전분, 쌀과 잡곡류, 밀가루, 서류 및 두류, 수조육류, 어패류, 난류, 우유 및 유제품, 유지류, 채소 및 과일류, 해조류 및 버섯류의 순으로 각각의 식품을 소개하고 이들 식품이 조리되면서 나타나는 변화를 설명하였다. 또한 다양한 가공제품에 대한 최신 정보와 최신 연구를 식품별로 소개하여 각각의 식품이 실생활에서 어떻게 조리, 가공되어 이용되는지를 쉽게 이해할 수 있도록 노력하였다. 그러나 빠르게 변화하는 새로운 지식과, 최신 정보, 식품 업계의 다양한 제품을 모두 수록하는데는 부족함이 많아 앞으로 계속해서 수정, 보완하여 누구나 이해하기 쉬운 조리원리 교재가 되도록 하겠다. 식품영양 전공자뿐만 아니라 비전공자에게도 친절하고 유익한 조리원리, 실험조리 지침서가 되기를 소망한다.

이울러 이 책이 출간될 수 있도록 애써주신 파워북 관계자분들께 진심으로 감사를 드린다.

저자 일동

차례

서론

CHAPTER 1

1. 식품의 중요성
2. 조리의 목적
3. 조리원리의 의의

CHAPTER 1

서론

쌀은 밥을 지어야 먹을 수 있는 것처럼 식품은 조리라는 과정을 통해 맛있게 먹을 수 있는 음식이 된다. 생선회처럼 단지 생선살을 얇게 저며 접시에 담아 냄으로써 맛깔스러운 음식이 되는 것도 있지만, 대부분의 음식은 복잡한 조리과정을 거친다. 조리를 통해 자신만의 개성과 창의력을 담아 낸 음식은 우리의 식생활을 한층 풍요롭게 한다.

1. 식품의 중요성

식품은 우리의 생명과 건강을 지키는 중요한 요소이며 감각을 만족시켜 즐거움을 주는 도구이다. 인간은 식품 섭취를 통해 생명을 유지하고 성장, 활동하는데 필요한 영양소를 공급하며, 체내에서 일어나는 여러 가지 대사를 조절하여 건강을 유지한다. 식품은 단지 생존을 위한 영양을 공급하는 것이 아닌 기호를 충족시키고 건강 증진과 사회적 유대관계 형성에 중요한 의미가 있는 삶의 가치 실현에 중요한 역할을 한다. 건강과 장수에 대한 관심이 높아지면서 식품의 건강 기능성이 강조되고 질병 및 개인의 건강상태를 반영한 맞춤형 식품도 개발되고 있으며, 이에 대한 수요가 계속 증가할 것으로 전망된다.

2. 조리의 목적

식품은 적절한 조리 또는 가공 과정을 거치면 먹을 수 있는 것을 말하며, 식품으로 섭취 가능한 조건을 가지고 있지만 조리나 가공되지 않은 원료 상태의 것을 식품 재료라고 한다. 조리란 영양소를 섭취하고 건강을 유지·증진하며, 감각을 만족시키고 건강 기능성을 확보하기 위해 식재료의 가치가 향상된 음식을 만드는 모든 과정으로 식품의 가치는 어떻게 조리하느냐에 따라 달라진다.

조리는 좁은 의미로는 단순히 식품 재료를 먹을 수 있도록 음식을 만드는 과정만을 뜻하지만, 넓은 의미로는 식사를 계획하고 식품 재료를 선택, 구입, 조리 조작, 식탁 구성 등을 포함한 모든 과정을 의미한다. 조리는 지역이나 각 나라의 식생활 문화와 밀접한 관련이 있어 식품 재료, 조리도구, 조리방법, 식사 구성 등이 식생활 문화권에 따라 차이를 보인다.

식품 재료를 조리하는 목적은 다음과 같다 그림 1-1. 첫째, 식품의 영양가와 소화성을 높이기 위해서이다. 식품을 가열 조리하면 소화효소의 작용이 용이하여 소화가 잘되고 영양소가 효율적으로 흡수되어 영양적 가치가 향상된다. 둘째, 식품의 저장성을 개선하기 위해서이다. 생식품은 자체 효소의 작용으로 화학반응이 일어나 변색, 조직의 연화 등에 의한 품질 저하나 변질이 일어나기 쉬운데 조리과정에서 효소가 불활성화되어 저장성이 높아진다. 셋째, 식품의 위생적 안전성을 향상시키기 위해 조리한다. 생식품에는 건강을 해치는 미생물, 유독물질과 여러 오염물질이 부착되어 있으므로 여러 조리 조작을 통해 이들을 제거하여 위생적으로 안전한 음식을 섭취할 수 있다.

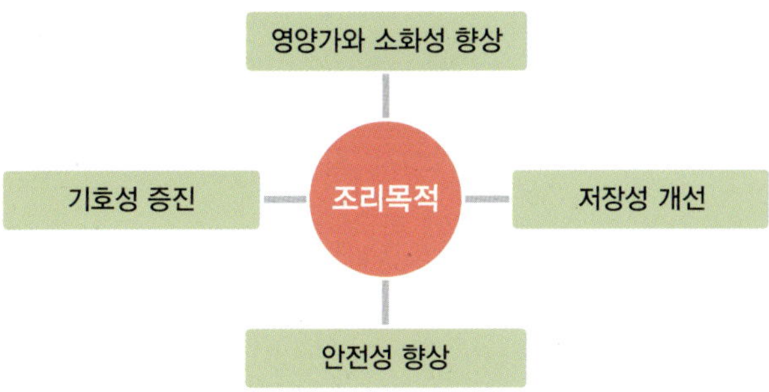

그림 1-1 **조리의 목적**

넷째, 식품의 기호적 가치를 증진시키기 위해 조리한다. 식품을 조리하면 생것으로 먹을 때에 비해 외관, 맛, 향, 텍스처 등 기호성이 좋아져 더 맛있게 먹을 수 있다.

3. 조리원리의 의의

조리는 오랜 역사를 가지고 있지만 주로 경험적 이해를 토대로 음식이 만들어졌기 때문에 재현성 있는 맛있는 음식을 만드는 것이 쉽지 않다. 신비로운 조리의 세계를 체계적으로 이해하고 근본적 원리를 파악하며 설명하는 것은 더욱 좋은 조리법을 개발하고 영양적·기호적 가치가 우수한 음식을 만들어 내는 출발점이라 할 수 있다.

조리의 대상인 식품은 다양한 성분으로 이루어져 있을 뿐 아니라 이들 성분이 매우 복잡한 구조를 형성하고 있다. 조리과정에서 여러 조리조작이 복합적으로 이루어지고 조리과정에서 일어나는 모든 현상의 기본원리를 한층 체계적으로 이해하는 '조리원리'는 식품영양학에서 매우 중요한 학문 분야이다. 즉, 조리원리는 조리과정에서 일어나는 식품 성분, 텍스처 등의 변화를 관찰하고, 그 원리를 탐색할 뿐 아니라 음식의 사례를 중심으로 조리원리와 조리방법을 분석하여 이론과 실제를 종합적으로 이해하고 과학적인 지식의 기반을 마련하는 데 목적이 있다. 한편 식품을 조리하는 과정에서 주재료는 물론 부재료와 함께 변화되고 상호작용한다. 따라서 조리 중에 발생하는 모든 현상을 이해하고 접근하기 위해서는 식품 재료별 특성과 조리 시의 물리화학적 변화 등 식품을 근본적으로 이해하고, 나아가 식품학, 영양학 등 식품영양학과 관련된 제반 사항에 대한 전문적인 지식이 필요하다.

조리서는 식품학 최초의 교과서라고 할 수 있다. 식품학자들이 오랜 역사 속에서 발달되어 온 조리방법을 기초로 다양한 식품의 변화를 분석하고 그 원리를 밝혀왔기 때문이다. 따라서 조리원리에 대한 종합적이고 깊이 있는 접근은 조리의 발전으로 이루고, 나아가 우리 식생활을 한층 풍성하게 할 것이다.

조리의 기초

CHAPTER 2

CHAPTER 2 조리의 기초

식품 재료는 다양한 조리과정을 거친 후 우리가 섭취할 수 있는 음식이 된다. 조리과정 중에 일어나는 물리적·화학적·가열적 조작은 식품의 영양 성분, 향, 맛, 텍스처 등에 영향을 주므로 조리원리에 대한 과학적 이해가 필요하다. 이 장에서는 조리의 기초가 되는 물, 열, 조리법, 조리기구, 그리고 조미료에 대해 이해한다.

1. 조리와 물

1) 물의 역할

수분은 식품을 구성하는 필수 성분으로 건조식품 등을 제외하고는 많은 비율을 차지한다. 조리에서의 물은 식품 재료의 세정, 좋지 않은 성분의 제거, 건조식품의 팽윤, 색의 변화, 효소반응 등에 관여한다. 또한 미생물 번식, 가수분해 등에도 관여하여 식품 변질의 원인이 되기도 한다.

2) 물분자의 구조

물분자의 구조는 2개의 수소원자 H^+와 1개의 산소원자 O^{2-}가 공유결합되어 있으며, 결합각은 약 104.5°이다. 물분자는 극성을 띠며, 한 물 분자의 음전하를 가진 산소원자와 다른 물분자의 양전하를 가진 수소원자는 약하게 수소결합을 한다. 이러한 수소결합 자체는 약하지만 물에는 수많은 수소결합이 존재한다. 따라서 물의 상태가 변할 때는 높은 에너지가 필요하다.

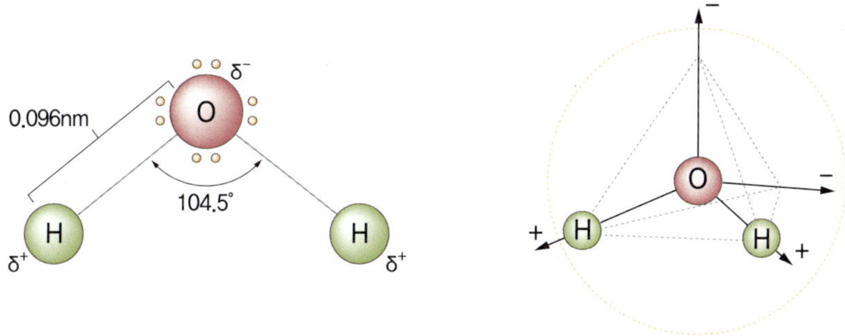

H_2O 분자의 결합각

물분자의 사면체 구조

그림 2-1 **물분자의 구조**

3) 물의 상태

물은 온도와 압력에 따라 고체인 얼음, 액체인 물, 그리고 기체인 수증기로 변한다. 물은 대기압일 때 0~100℃에서 액체로 존재한다. 약한 수소결합에 의해 물분자들이 모여 일정한 형태를 이루고 물분자 운동에 의해 자유롭게 이동한다. 물의 온도가 낮아지면 부피도 감소하여 4℃에서 물의 부피가 가장 작아지며, 물분자의 움직임도 느려진다.

물은 4℃부터 물분자 간의 일정한 수소결합 패턴이 형성되고, 0℃보다 낮은 온도에서 얼음으로 결정화된다. 이 결정은 내부에 육각형의 공간을 형성하여 부피가 약 1/11만큼 증가한다. 따라서 그릇에 물을 가득 담아 얼렸을 때 그릇이 깨지거나 넘친다. 또한 얼음으로 결정화되면 액체 상태일 때와 중량은 같지만 부피가 커지므로 비중이 가벼워져 물 위에 뜬다.

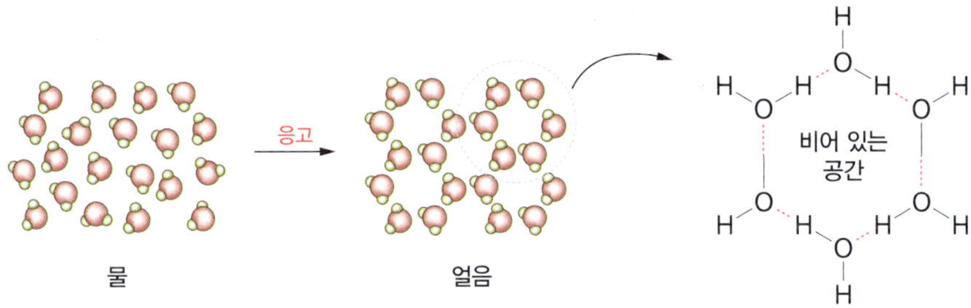

그림 2-2 **얼음 결정의 구조**

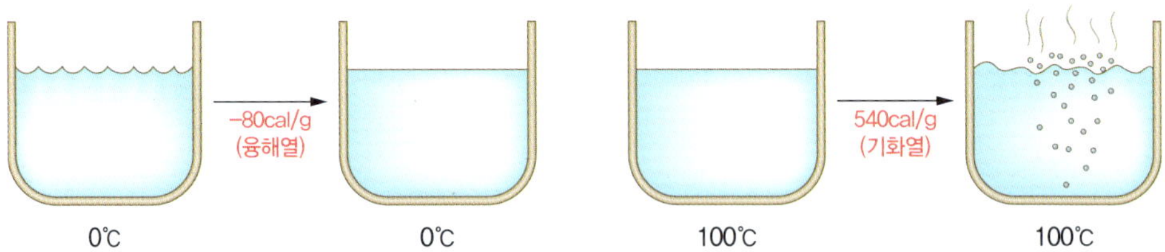

그림 2-3 **물의 상태 변화**

물이 액체 상태에서 고체인 얼음으로 변할 때는 1g당 80cal의 융해열이 방출되고, 반대로 얼음이 녹을 때는 1g당 80cal의 융해열이 필요하다. 물이 기체 상태인 수증기가 되려면 물 1g당 540cal의 기화열이 필요하다.

(1) 끓는점

물은 일정한 온도와 압력에서 물분자의 운동이 활발해져서 기화가 시작된다. 기화가 시작되는 온도를 끓는점 또는 비점이라고 한다. 액체가 증발하면 수증기가 되고, 이 수증기는 다시 액체로 되돌아가려고 한다. 이 둘 사이에 평형이 이루어지면 수증기 분자들에 의해 압력이 생기는데, 이러한 압력을 증기압이라고 한다.

물의 끓는점은 대기압과 증기압의 영향을 받는다. 대기압하에 물의 온도가 100℃ 이상이 되면 증발되는 물분자들에 의해 증기압이 대기압보다 커지면서 물의 일부가 대기 중으로 증발하여 끓는 현상이 일어난다.

일반적으로 물의 끓는점은 100℃로 알려져 있지만, 고도가 높아지면 대기압이 낮아져 끓는 온도가 내려간다. 따라서 고도가 높은 곳에서 밥을 짓게 되면 설익으므로, 가압냄비를 사용하거나 냄비 뚜껑 위에 돌을 올려 놓으면 압력이 높아져 물의 끓는 온도가 높아진다.

설탕과 소금 용액은 증기압을 낮추기 때문에 더 많은 열을 공급해야 이 용액이 끓는다. 설탕용액의 끓는 온도는 설탕 1몰랄농도당 0.52℃ 높아지고, 소금용액은 소금 1몰랄농도당 1.04℃씩 높아진다. 소금은 물에 용해되면 나트륨이온과 염소이온으로 이온화되기 때문에 끓는 온도가 2배 증가된다. 콜로이드나 현탁액을 형성하는 큰 입자들은 증기압에 큰 영향을 주지 않는다.

(2) 어는점

물이 얼기 시작할 때의 온도를 어는점 또는 빙점이라고 한다. 순수한 물의 어는점은 0℃이지만, 설탕물과 소금물의 어는점은 그보다 낮다. 설탕물은 설탕 1몰랄농도당 -1.86℃ 낮아지고, 소금물은 소금 1몰랄농도당 -3.72℃씩 낮아진다.

4) 식품 중 물의 형태

물은 식품 구성 성분의 결합 정도에 따라 자유수와 결합수의 두 가지 형태로 존재한다. 자유수는 식품 성분 중 당류, 염류, 수용성 단백질, 수용성 비타민 등과 같이 가용성 물질을 녹이거나 전분, 지질 등과 같은 불용성 물질을 분산시킬 수 있는 용매로 작용하는 물이며, 가열과 건조에 의해 쉽게 제거된다. 결합수는 탄수화물, 단백질 등의 식품 속 구성 성분에 단단히 결합되어 있어 이동할 수 없고, 용매로 작용하지 못하는 물이다. 자유수와 결합수의 성질은 다음과 같다 표 2-1.

표 2-1 자유수와 결합수의 성질

자유수	결합수
• 용매로 작용함 • 0℃ 이하에서 동결함 • 100℃ 이상 가열하거나 건조하면 쉽게 제거됨 • 미생물의 생육에 이용 가능함 • 효소작용에 이용됨	• 용매로 작용하지 않음 • -18℃에서도 동결하지 않음 • 100℃ 이상 가열하거나 건조해도 제거되지 않음 • 미생물의 생육에 이용되지 않음 • 효소작용에 이용되지 않음

5) 분산 상태

(1) 진용액

진용액은 1nm 이하의 작은 분자나 이온이 용해되어 있는 용액을 말한다. 조리에 사용되는 설탕과 소금은 물에 용해되어 진용액을 형성한다. 설탕은 분자 상태로 분산되고, 소금은 나트륨이온과 염소이온으로 분산된다.

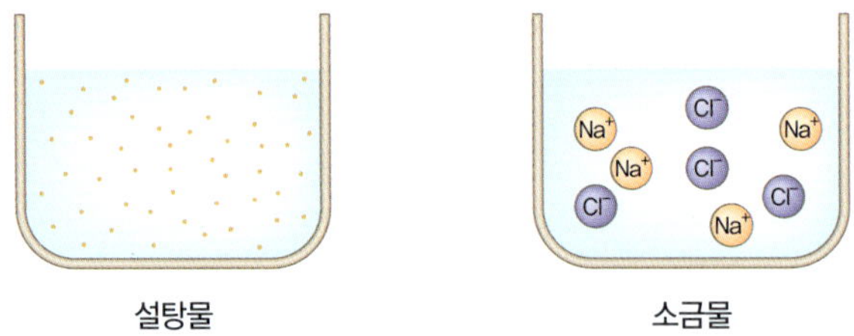

그림 2-4 **진용액 용질의 분산 상태**

- 용액solution : 어떤 물질이 다른 한 물질 속에 용해되었을 때 균질 상태를 형성한 것(예: 설탕물, 소금물)
- 용질solute : 용액에 녹아 있는 물질(예: 설탕, 소금)
- 용매solvent : 용질을 용해시키는 물질(예: 물)

용액은 일정 온도에서 용매에 용해된 용질의 양에 따라 불포화용액, 포화용액, 과포화용액으로 분류된다. 불포화용액은 일정 온도에서 용매가 용해시킬 수 있는 양보다 적은 용질이 녹아 있는 용액이고, 포화용액은 일정한 온도에서 더 이상의 용질이 녹을 수 없는 상태의 용액을 말한다. 과포화용액은 일정한 온도에서 용매가 용해시킬 수 있는 양보다 많은 용질이 녹아 있는 불안정한 상태로 용질과 용매가 분리하려는 경향이 큰 용액을 말한다.

용해도는 일정 온도에서 용매 100g에 용해되어 포화용액을 만드는 용질의 양이다. 용해도는 용질의 종류, 온도 등에 영향을 받는다. 설탕의 경우에는 온도가 높아지면 용해도가 증가하는 반면, 기체는 온도가 낮아질수록 용해도가 증가한다.

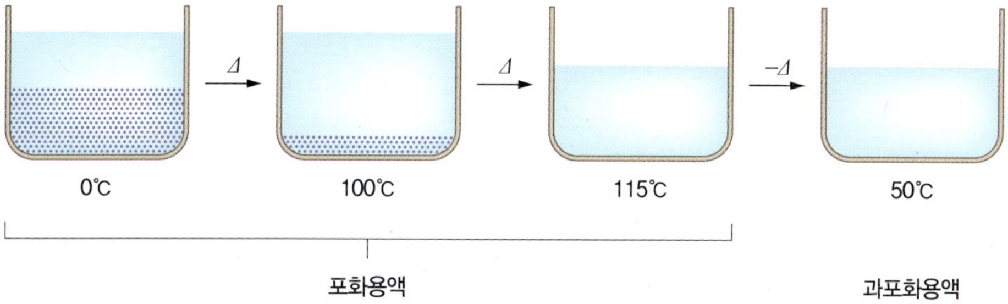

그림 2-5 온도에 따른 용질의 용해도

(2) 콜로이드 분산액

콜로이드 분산액(교질용액)은 분산되어 있는 물질의 크기가 1~100nm이다. 식품에 함유되어 있는 성분 중에서 진용액을 형성하지는 않으나 침전하지 않고 물에 분산되는 것이 있는데, 이러한 상태의 용액을 콜로이드 분산액이라고 한다. 콜로이드 분산액은 연속상인 분산매와 비연속상인 분산질로 이루어진다. 분산매는 분산질이 흩어질 수 있게 하는 하나의 연속된 물질을 말하고, 분산질은 작은 단위로 쪼개져 다른 연속된 물질 중에 흩어져 있는 것을 말한다.

식품에서 콜로이드 상태를 이루는 분산매와 분산질은 표 2-2에서와 같이 고체, 액체, 기체로 구성되어 있다. 기체나 액체에 분산되어 있는 콜로이드 입자는 상·하·좌·우 모든 방향으로 활발하게 불규칙한 운동을 하는데, 이를 브라운 운동이라고 한다. 브라운 운동은 온도가 낮아지거나 점성이 증가하고 콜로이드 분산액의 입자가 커지면 감소한다.

콜로이드 입자는 다른 물질을 흡착하는 성질이 있다. 친수성 콜로이드 분산액은 분산매인 수분이 분산물질에 흡착하여 서로 합쳐지는 것을 방지하여 안정성을 유지한다. 반면 소수성 콜로이드 분산액은 분산물질이 수분을 흡수하지 않아 전해질에 의해

토마토 크림수프가 덩어리지는 것을 방지하기 위해서는?

우유와 밀가루를 잘 혼합하여 화이트 소스를 만든 후 토마토즙을 첨가한다. 이는 친수성인 밀가루의 글루텐과 호화된 전분이 카제인의 보호막으로 작용하여 응고를 방해하기 때문이다.

표 2-2 콜로이드 분산액의 분산 상태

분산 상태	분산매(연속상)	분산질(비연속상)	식품의 예
유화	액체	액체	마요네즈, 샐러드 드레싱
졸	액체	고체	우유, 곰국, 젤라틴 용액, 걸쭉한 소스
젤	고체	액체	젤라틴 젤리, 묵, 달걀찜
거품	액체	기체	생크림 거품, 난백 거품, 맥주 거품

쉽게 안정성이 깨져 응집 및 침전된다. 소수성 콜로이드에 적은 양의 친수성 콜로이드를 첨가하면 콜로이드의 안정화에 도움을 줄 수 있다.

① 유화

물과 기름처럼 서로 혼합되지 않는 물질이 젓기, 교반, 흔들기와 같은 물리적 방법이나 다른 물질을 첨가하여 혼합, 분산된 상태를 유화라 한다. 이때 유화의 안정화를 위해 첨가하는 물질을 유화제라고 한다. 유화제는 친수성기와 친유성기를 동시에 가지고 있으며, 조리에 사용되는 대표적 유화제는 난황의 레시틴으로 마요네즈 제조에 사용된다.

유화액은 분산매와 분산질의 종류에 따라 수중유적형 유화액oil-in-water type, O/W과 유중수적형 유화액water-in-oil type, W/O으로 나눈다. 수중유적형 유화액은 분산매인 물에 기름방울이 분산된 것으로 마요네즈, 우유, 크림이 대표적이다. 유중수적형 유화액은 분산매인 기름에 물이 분산된 것으로 버터와 마가린이 있다.

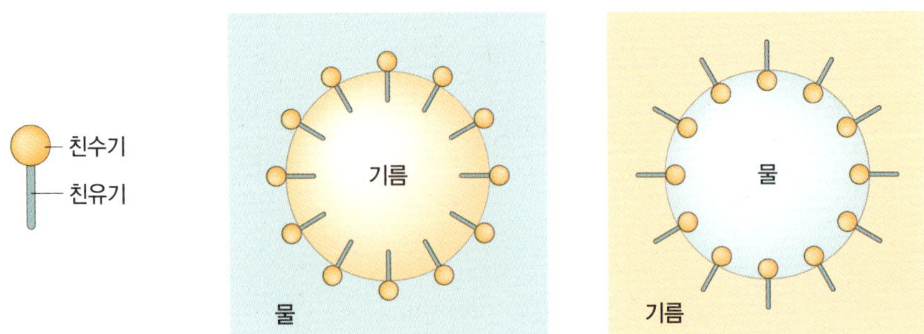

유화제　　수중유적형(O/W) 유화액　　유중수적형(W/O) 유화액

그림 2-6 유화제의 작용

유화액은 분산질의 크기, 유화제의 존재 유무, 점성 등에 따라 안정성에 차이를 보이는데, 안정성에 따라 영구적 유화액, 반영구적 유화액, 일시적 유화액으로 나눌 수 있다. 영구적 유화액은 적당한 조건으로 보관하면 거의 영구적으로 유화 상태가 유지되는 유화액으로 마요네즈가 이에 속한다. 일시적 유화액은 점성이 매우 낮고 매우 불안정하여 쉽게 분리되는 현상을 보이며, 프렌치드레싱과 같이 사용하기 직전에 흔들어 주어야 유화 상태를 유지하는 유화액이다. 최근에는 이를 안정화시키기 위해 검류 등을 사용하기도 한다.

② 졸과 젤

졸은 고체의 콜로이드 입자가 액체에 분산된 상태로 분산매가 액체이므로 흐를 수 있다. 대표적 졸에는 우유, 곰국, 젤라틴 용액, 걸쭉한 소스 등이 있다. 졸은 농도, 온도, pH 등의 변화에 의해 굳어지는데, 이때의 상태를 젤이라 한다. 젤은 고체인 분산매에 액체인 분산질이 분산된 상태로 흐르지 않는다. 대표적 젤에는 젤라틴 젤리, 묵, 달걀찜 등이 있다. 젤은 시간이 경과되면 젤 내부에 갇혀 있던 물의 일부가 빠져나오는 이액현상syneresis을 볼 수 있다.

젤의 종류에 따라 가열하면 졸로 되돌아가는 가역적인 젤과 가열을 하여도 졸의 형태로 되돌아가지 않는 비가역적인 젤이 있다. 가역적인 젤은 젤라틴 젤이고, 비가역적인 젤은 묵, 달걀찜 등이 대표적이다.

③ 거품

거품은 분산매인 액체에 기체가 분산되어 있는 콜로이드 용액이다. 조리에 주로 이용되는 거품은 크림, 난백 거품, 맥주 거품 등이 있다. 거품의 안정성은 액체의 표면장력과 증기압의 영향을 받는다. 표면장력이 작은 액체는 쉽게 펼쳐지고 응집이 잘 일어나지 않아 거품이 쉽게 꺼지지 않는다. 반면 표면장력이 큰 액체는 분자들끼리 서로 끌어당기는 힘이 강하여 응집이 잘 일어나기 때문에 거품이 쉽게 꺼진다. 증기압이 높은 액체는 쉽게 증발하고 갇혀 있던 공기가 쉽게 달아나 거품이 쉽게 꺼진다. 따라서 안정한 거품을 만들기 위해서는 표면장력과 증기압이 낮은 액체를 사용해야 한다.

(3) 현탁액

현탁액은 분산되어 있는 물질의 크기가 100nm 이상으로 중력에 의해 쉽게 가라앉는다. 분산질의 크기가 커서 물에 용해되지 않고 콜로이드 상태로도 분산되지 않는다. 대표적 예로는 냉수에 전분이나 밀가루를 풀어 놓은 것을 들 수 있다.

2. 조리와 열

1) 열과 온도

열은 온도가 다른 두 물체가 접촉했을 때, 고온의 물체에서 저온의 물체로 이동하는 에너지이다. 열의 세기값은 온도로 나타낸다. 조리에 사용되는 온도 단위는 섭씨celsius, ℃와 화씨fahrenheit, ℉이다. 섭씨는 물의 끓는점 100℃와 어는점 0℃ 사이를 균등하게 100으로 나누어 놓은 것이고, 화씨는 물의 끓는점 212℉와 어는점 32℉ 사이를 균등하게 180으로 나눈 것이다.

섭씨와 화씨의 상호 환산법

$$℃ = \frac{5}{9}(℉ - 32) \quad \text{또는} \quad ℃ = \frac{℉ - 32}{1.8}$$

$$℉ = \frac{9}{5}(℃) \quad \text{또는} \quad ℉ = (1.8 \times ℃) + 32$$

2) 열의 전달

열이 식품으로 이동하는 방법에는 전도, 대류, 복사 등이 있다. 가열 조리 시에는 한 가지 방식으로 열이 전달되는 것이 아니라 복합적 방법으로 식품에 열이 전달되어 조리된다.

(1) 전도

전도는 열원에 물체가 직접 접촉되었을 때 열에너지가 그 물체를 따라 이동하여 전달되는 방식이다. 전도는 열이 뜨거운 쪽에서 찬 쪽으로 전달되며, 대부분의 금속은 열

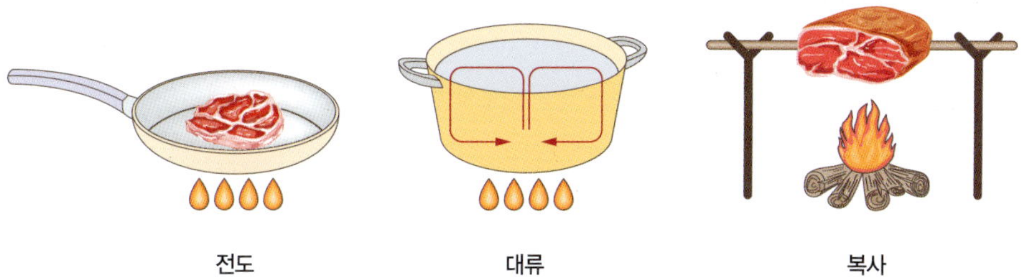

그림 2-7 열의 전달

을 잘 전도하여 열전도율이 높다. 열전도율이 높은 재질의 용기는 열을 빨리 전달하지만 보온성이 낮다. 따라서 국물이 있는 음식을 빨리 끓이기 위해서는 열전도율이 높은 금속용기가 좋고, 보온이 필요한 음식은 열전도율이 낮은 도자기류의 용기가 좋다.

(2) 대류

대류는 공기, 물, 기름 등의 순환으로 열의 전달이 이루어진다. 공기나 물이 가열되어 온도가 높아지면 부피는 커지고 밀도는 감소되어 위로 올라가고, 찬 부분은 아래로 내려와 열원과 접촉하게 된다. 이러한 순환은 전체의 매체가 같은 온도로 가열될 때까지 지속된다.

(3) 복사

복사는 열 전달매체 없이 열에너지가 직접 식품에 전달되는 현상이다. 복사열을 이용한 조리방법에는 직화구이, 브로일링, 토스트 등이 있다. 조리기구의 재질은 복사열 흡수에 영향을 준다. 표면이 어두운 색이거나 거친 용기는 복사열을 잘 흡수한다.

3) 열 전달매체

식품의 조리에서 열을 전달하는 매체는 물, 수증기, 유지, 공기 등이다. 조리 시의 열 전달매체는 하나만 사용되는 것이 아니고 복합적으로 이용된다.

(1) 물

물은 끓이기, 데치기, 삶기 등의 습열조리에서 열을 전달하는 매체이다. 식품이 뜨거운 물에 접촉되면, 열이 물을 통해 식품으로 전도된다.

(2) 수증기

수증기는 찌기 등의 습열조리에서 열을 전달하는 매체이다. 물이 들어 있는 용기 안에 식품을 얹은 찜틀을 놓은 뒤 뚜껑을 닫고 끓이면 용기 내부에 수증기가 발생한다. 이 수증기가 찜틀 위의 식품에 닿으면 기화열이 전달되어 식품이 가열된다.

(3) 유지

유지는 볶기, 지지기, 튀기기와 같은 건열조리에서 사용되는 열 전달매체이다. 유지는 물의 끓는점보다 높은 온도로 가열되므로 조리시간이 짧아진다.

(4) 공기

공기는 굽기, 브로일링, 로스팅 등과 같은 건열조리에서 사용되는 열 전달매체이다. 물이나 유지에 비해 열 전달속도가 느리다.

3. 조리법

1) 계량과 계측

음식의 조리가 과학적으로 재현성을 갖기 위해서는 식품의 정확한 계량이 필요하다. 정확한 계량을 위해서는 적합한 계량기구를 바르게 사용해야 한다. 부피를 측정할 때에는 눈높이를 메니스커스meniscus에 맞춰 눈금을 읽고, 무게를 측정할 때에는 저울의 영zero점을 맞춘 뒤 계량한다.

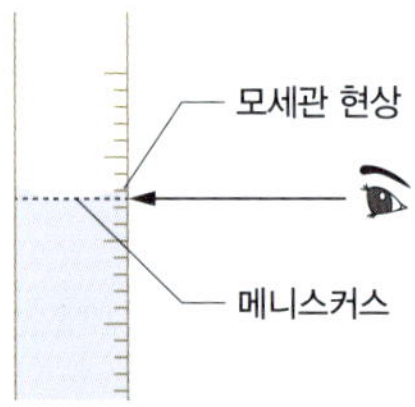

(1) 부피

식품의 부피를 측정하는 기구에는 계량컵과 계량스푼이 있다. 계량컵은 일반 계량컵과 액체 계량컵의 두 가지 형태가 있다. 일반 계량컵은 불투명한 재질로 1컵, 1/2컵, 1/3컵 및 1/4컵이 따로 만들어져 한 세트를 구성한다. 밀가루, 소금, 설탕 등의 가루제품을 재는 용도로 사용한다. 액체 계량컵은 투명한 재질로 일정 간격으로 눈금이 매겨져 있다.

계량스푼은 1큰술table spoon, Ts, 1작은술tea spoon, ts, 1/2작은술, 1/4작은술이 한 세트인 것도 있고, 많이 사용되는 부피를 기준으로 1큰술과 1작은술이 한 세트로 구성된 스푼도 있다. 주로 컵보다 적은 양의 조미료 등을 계량할 때 사용한다.

우리나라에서 사용하는 계량컵은 1컵이 200mL이고, 국제적으로 적용되는 계량컵은 1컵이 약 240mL이다. 미터법을 기준으로 계량스푼의 용량과 계량컵, 계량스푼의

일반 계량컵

액체 계량컵

그림 2-8 **계량컵의 종류**

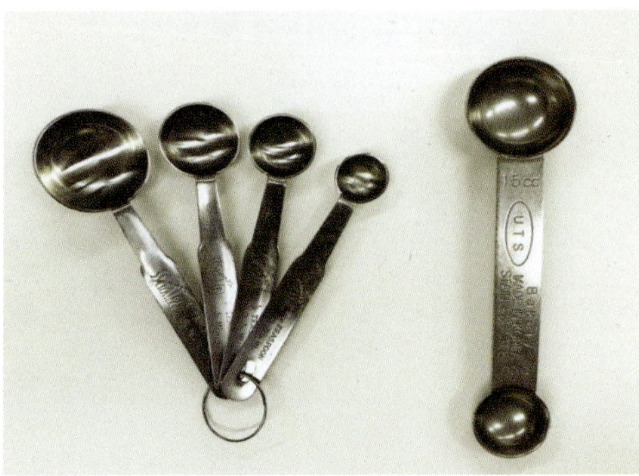

그림 2-9 **계량스푼의 종류**

관계를 다음과 같이 나타낼 수 있다.

- 1컵cup, C = 200 mL ≒ 13.3큰술
- 1큰술table spoon, Ts = 15 mL = 3작은술
- 1작은술tea spoon, ts = 5 mL

① 액체

투명한 재질의 액체 계량컵을 사용하여 액체와 같은 높이에서 컵의 눈금을 읽는다. 기름이나 꿀처럼 점성이 큰 액체는 용량별로 나뉜 계량컵을 사용하며, 옮길 때에는 부드러운 고무주걱 등으로 남김없이 긁어 낸다. 계량스푼을 사용할 때에는 계량스푼의 가장자리를 넘기지 않을 정도로 담는다. 이때 액체의 표면장력으로 약간 솟아 오른 상태가 정확한 양이다.

② 밀가루

밀가루는 입자가 미세하고 균일하지 않아 저장하는 동안 눌려 부피가 줄어든다. 따라서 계량 전에 한 번 체에 친 후 계량컵에 수북이 담고 수평으로 깎아 계량한다.

그림 2-10 **밀가루의 계량방법**

③ 설탕

백설탕은 덩어리가 없는 상태로 계량컵이나 계량스푼에 담는다. 이때 누르지 않고 가득 담은 다음 칼등이나 스패출러로 윗면이 수평이 되게 한 번만 깎아 낸다. 황설탕은 끈끈하게 입자가 서로 밀착되어 있으므로 꾹꾹 눌러 담은 후 수평으로 깎아서 잰다. 파우더슈거는 입자가 미세하여 보관 시 부피가 감소하므로 계량 전에 한 번 체에 친 후 계량컵에 수북이 담고 수평으로 깎아 계량한다.

④ 지방

버터, 마가린, 쇼트닝과 같은 지방은 실온에서 반고체 상태로 한 다음 계량기구에 빈 공간 없이 꾹꾹 눌러 담은 후 수평으로 깎아서 계량하며, 옮길 때에는 부드러운 고무 주걱 등으로 남김없이 긁어낸다.

(2) 무게

무게의 측정값은 부피에 비해 비교적 정확하다. 저울로 계량할 때에는 수평인 곳에 저울을 놓고 사용 전에 영점을 맞춘다. 저울의 중앙에 식품을 올려놓고 정면에서 눈금을 읽는다. 사용 후에는 저울에 묻은 이물질을 닦아 청결하게 관리한다.

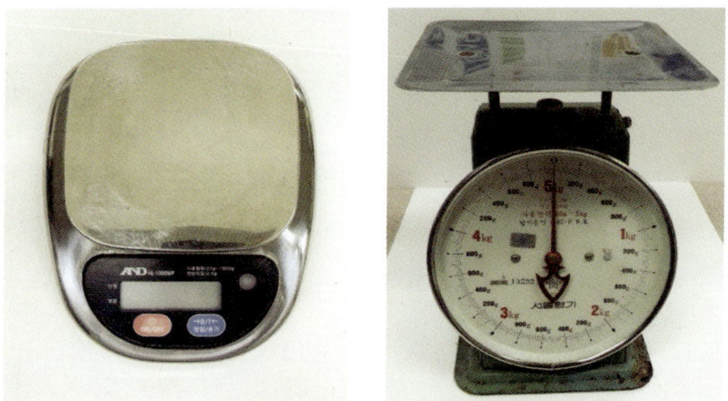

그림 2-11 **저울의 종류**

(3) 온도

온도계의 종류는 유리막대 온도계, 바이메탈 온도계, 레이저 온도계 등이 있다. 온도계는 0~300℃까지 측정이 가능하나, 사용목적에 따라 적절한 것을 선택하는 것이 바람직하다.

① 유리막대 온도계

100℃ 이하에서는 알코올 온도계가 사용되고, 100~300℃에서는 수은 온도계가 사용된다. 측정방법은 온도계의 끝 부위가 용기의 바닥에 닿지 않게 용기에 담긴 음식의 중심에 놓고, 온도계의 눈금 위치에 눈높이를 맞추어 읽는다. 수은 온도계는 파손 시

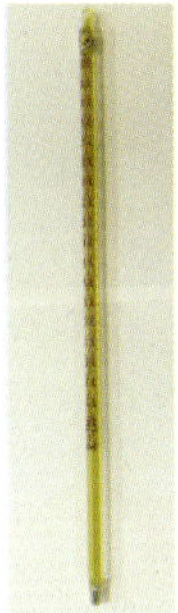
유리막대 온도계

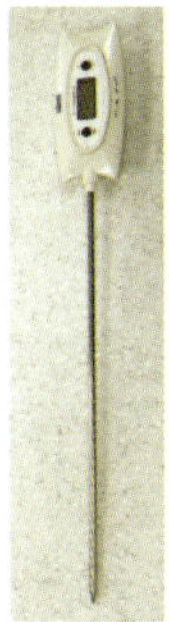
바이메탈 온도계

레이저 온도계

그림 2-12 **온도계의 종류**

수은 혼입의 위험이 있으므로 식품의 온도 측정에는 적합하지 않다.

② 바이메탈 온도계

바이메탈의 열팽창 차이를 이용한 것으로 오븐용, 튀김냄비용 등이 있다.

③ 레이저 온도계

총 모양의 레이저 온도계를 식품과 일정 거리를 두고 측정 버튼을 누르면 빔이 나와 식품의 표면온도가 측정되며, 식품 검수 시 식품의 표면온도를 측정하는 데 적합하다.

(4) 시간

조리 시 시간의 측정은 스톱와치stop watch, 타이머timer 등을 사용하는데, 타이머는 예정된 시간을 알려주므로 이를 이용하는 것이 편리하다.

타이머

(5) 당도, 염도, 산도

일반적인 계량 외에 필요에 따라 당도, 염도, 산도 등을 측정해야 하는 경우가 있다. 잼·젤리 등의 당도는 당도계를, 국물의 염도는 염도계를, 김치의 발효 정도는 pH 미터를 활용한다.

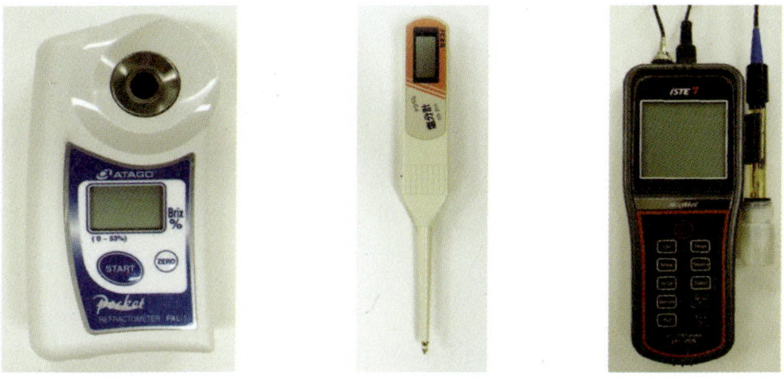

당도계 염도계 pH 미터

그림 2-13 **당도계, 염도계, pH 미터**

2) 기본 조리조작

(1) 다듬기

다듬기는 식용이 불가능한 부분을 제거하는 등 식품 재료를 먹을 수 있게 전처리하는 과정을 말한다. 조리에 사용되는 식품은 폐기율을 고려하여 준비해야 한다.

폐기율의 공식은 다음과 같다.

$$\text{폐기율(\%)} = \frac{\text{폐기되는 식품의 무게(g)}}{\text{식품 전체의 무게(g)}} \times 100$$

(2) 씻기

씻기는 식품 표면에 부착되어 있는 불순물이나 유해성분을 제거하는 과정이다. 씻기를 할 때에는 식품 속에 함유된 수용성 영양소의 손실을 최소화하기 위하여 가능하면 식품을 통째로 씻은 후에 잘라서 조리하는 것이 바람직하다. 세제를 사용할 때에는 낮은 농도에서 단시간에 씻고 세제가 식품에 잔류하지 않도록 충분히 헹구어야 한다.

(3) 담그기

담그기는 식품을 물이나 조미액에 담그는 과정이다. 식품을 담그는 효과에는 건조식품의 수분 재흡수, 좋지 않은 맛 성분 용출, 변색 방지, 조미 성분의 침투 등이 있다.

① 건조식품의 수분 재흡수

건조식품은 저장성 향상을 위하여 자연적 또는 인공적으로 건조하여 수분 함량을 낮춘 식품이다. 가열조리하기 전에 일정 시간 물에 담가 충분히 수분을 흡수시켜야 식품의 조직이 연화되고 팽윤하여 열이 고르게 전도되고, 조미료가 잘 침투하여 맛이 좋아진다. 흡수량은 흡수속도와 흡수시간에 영향을 받는다. 건조식품의 흡수속도는 일반적으로 수온이 높고 표면적이 넓을수록 빠르다.

② 좋지 않은 맛 성분의 용출

떫은맛, 쓴맛, 아린맛 성분 등은 수용성이므로 물에 담가 제거할 수 있다. 많은 양의 소금을 첨가한 염장품은 조리 전에 물에 담가 염분을 용출시킨 후 조리한다.

③ 변색 방지

사과, 감자, 연근, 우엉 등은 껍질을 벗겨 공기 중에 노출시키면 갈색으로 변색된다. 갈변현상을 예방하기 위해서는 껍질을 벗긴 후 물 또는 설탕, 식초, 소금 등을 첨가한 물에 담가 공기 중 산소와 접촉하지 못하게 하면 효소의 활성이 억제되어 변색이 방지된다.

④ 조미 성분의 침투

식품을 조미액에 담가 두면 삼투압작용에 의해 맛 성분이 식품에 배어들어 맛이 좋아진다. 조미료의 침투효과를 높이기 위해서는 분자량을 고려해야 하는데, 분자량이 큰 조미료는 침투가 느리기 때문에 먼저 넣는 것이 바람직하다. 예를 들어, 설탕의 분자량은 342.30으로 소금의 분자량 58.45에 비해 크기 때문에 조리 시에는 설탕, 소금의 순서로 넣는다. 또한 식초, 간장, 된장은 휘발 성분이 있어 나중에 넣는다. 특히 녹색채소를 이용한 초무침은 먹기 직전에 식초를 넣어야 변색이 방지된다.

(4) 썰기와 다지기

썰기는 식품의 불필요한 부분을 제거하고 조리에 알맞게 모양과 크기를 조절하며 자르는 과정이다. 식품은 썰기를 통해 표면적이 증가되고 열 전달이 잘 되어 빨리 익고 조미료가 잘 스며들게 한다. 식품을 써는 방법은 음식의 맛과 질감에 영향을 준다. 육류의 경우에는 근섬유와 직각으로 썰면 질감이 연해지므로 육회, 편육 등의 음식을 할 때에는 이와 같이 썬다. 반면 가열 후 형태를 유지하기 위해 근섬유 방향과 평행하게 써는데 잡채나 구절판에 들어가는 고기가 그 예이다.

식품을 일정한 크기의 아주 작은 조각으로 자르는 것을 다지기라고 한다. 주로 마늘, 양파 등의 채소와 고기 등을 다져서 조리에 이용한다.

(5) 섞기와 젓기

섞기는 두 가지 이상의 재료를 서로 접촉시키면서 균일하게 분산시키는 것이고, 젓기는 재료를 저으면서 균일하게 분산시키는 것이다. 섞기에는 혼합, 교반, 반죽 등이 있다. 조리과정 중 식품을 섞거나 젓는 작업을 통해 식품 재료, 온도, 조미 성분의 침투가 균일하게 분포되게 하여 맛이 골고루 스며들게 한다.

(6) 압착과 여과

압착은 식품에 압력을 가해 물질의 밀도를 높이는 것이고, 여과는 액체 속의 침전물을 걸러 내는 것이다. 음식에 따라 고형물을 이용하는 경우도 있고, 즙을 이용하는 경우도 있다. 예를 들면, 고형물을 이용하는 경우는 물기를 짠 두부와 팥고물이 있고, 즙을 이용하는 경우는 녹즙, 과즙 등이 있다.

(7) 냉각, 냉동, 해동

냉각은 가열조리된 음식의 온도를 낮추어 식히는 과정이다. 냉각속도는 식품의 표면적, 용기의 재질 등에 영향을 받는다. 표면적이 크고 열전도율이 높은 재질의 용기는 냉각효과가 크다. 물이 공기에 비해 열 전도가 잘 되기 때문에 냉각을 시킬 때는 실온에 방치하는 것보다 찬물에 담그는 것이 효과적이다. 냉각을 이용한 음식은 젤리, 족편, 묵 등이 있다.

냉동은 식품을 0℃ 이하로 냉각시켜 식품 중의 수분을 얼려서 동결시키는 것이다. 냉동을 할 때는 -40℃ 이하로 급속 동결시켜야 식품의 조직 파괴가 적고, 해동 시 드립 drip현상을 방지할 수 있다. 냉동식품으로는 아이스크림, 셔벗 등이 있고, 수산물과 냉동가공식품 등의 저장법으로 이용된다.

해동은 냉동된 식품의 얼음 결정을 융해시켜 식품을 냉동 전의 상태가 되도록 하는 것이다. 해동방법에는 완만해동과 급속해동이 있다.

- 완만해동 : 냉장고 내, 실온의 서늘한 곳, 물 또는 소금물에서 해동하는 방법 (예 : 냉동 육류의 해동)
- 급속해동 : 동결된 것을 그대로 가열하거나 마이크로웨이브를 이용하는 방법 (예 : 동결된 반조리 또는 조리된 식품, 동결된 데친 채소)

3) 조리방법

식품의 조리법에는 생것 그대로의 재료를 이용하는 비가열조리와 열을 이용하여 조리하는 가열조리가 있다.

(1) 비가열조리

비가열조리는 식품을 가열 처리하지 않는 조리방법으로, 식품 고유의 색, 향, 맛, 텍스처 등을 살려 신선함을 유지할 수 있다. 채소와 과일을 이용한 생채, 냉채, 샐러드 등, 육류를 이용한 육회, 그리고 어패류를 이용한 회 등이 대표적인 식품이다. 가열조리에 비해 조리법은 간단하지만 안전한 섭취를 위해 위생적으로 조리해야 하며, 최대한 빠른 시간 내에 조리된 것을 섭취해야 한다.

(2) 가열조리

가열조리는 열 전달매체에 따라 습열조리와 건열조리로 나뉜다. 습열조리는 물을 열 전달매체로 하는 조리법으로 끓이기, 조리기, 삶기, 데치기, 찌기 등이 있다. 건열조리는 물을 열 전달매체로 이용하지 않고 기름이나 복사열에 의한 조리법으로 굽기, 볶기, 지지기, 튀기기 등이 있다.

① 습열조리

- 끓이기boiling : 물이나 조미액의 대류에 의해 열을 전달받아 식품을 가열하는 조리법이다. 끓는 온도는 고농도의 설탕용액을 제외하고는 100℃를 넘지 않는다. 가

열 중에 조미를 할 수 있고 온도 조절이 가능하며, 식품 재료에 함유된 수용성 성분을 우려 내기 때문에 국물을 섭취하는 조리에 사용한다. 예로, 국, 찌개, 전골 등이 있다.

- 삶기 : 물의 대류를 이용한 조리법으로, 식품 재료를 다량의 끓는 물 속에 넣고 익을 때까지 뚜껑을 덮고 가열한다. 삶기는 조직감의 연화, 전분의 호화, 단백질 응고, 감칠맛 성분의 증가, 재료의 불필요한 지방 및 맛 성분 제거 등의 목적이 있다. 예로, 수육, 편육, 마른국수 삶기, 죽순이나 연근과 같은 단단한 채소 삶기 등이 있다.
- 데치기blanching : 삶기와 비슷하나, 끓는 물에 재료를 넣고 순간적으로 익혀 내어 가열시간이 짧다. 주로 채소나 어패류를 전처리할 때 사용된다. 예로, 시금치 데치기, 오징어 데치기, 토마토 껍질 벗기기 등이 있다.

스튜잉이란?

스튜잉stewing은 서양조리에서 스튜잉용 냄비에 육류, 채소, 과일 등을 손질하여 넣고 낮은 온도에서 은근하게 오랜 시간 끓이는 방법이다. 예로 비프스튜, 치킨스튜 등이 있다.

시머링이란?

시머링simmering은 물을 끓는점 이하에서 은근하게 끓이는 방법이다. 국물을 이용하기에 적합한 조리법이며, 예로 곰국, 닭백숙, 스톡 등이 있다.

포칭이란?

포칭poaching은 70~80℃의 물에 재료를 담가 서서히 익히는 조리법이다. 주로 생선, 달걀 요리 등에 이용된다. 물을 적게 넣고 익히는 방법과 물을 많이 넣고 익히는 방법이 있다. 물을 적게 넣고 익히는 방법은 갈치조림과 솔모르네와 같이 조직이 연한 생선을 양념장이나 소스 등 소량의 액체 속에 넣고 낮은 온도에서 조리는 것을 예로 들 수 있다. 물을 많이 넣고 익히는 방법에는 수란, 샤부샤부 등이 있다.

- 찌기 : 물이 100℃로 끓을 때 발생하는 수증기의 기화열을 이용하는 조리법이다. 찌기는 식품에 직접 물을 첨가하는 조리법이 아니기 때문에 수용성 성분의 손실이 적고, 식품의 맛과 모양을 그대로 유지할 수 있다. 그러나 가열시간이 긴 편이어서 연료 소비가 많다. 식품을 찌는 도중에는 조미를 할 수 없으므로 찌기 전후에 조미를 해야 한다.

② 건열조리

- 굽기 : 인간이 불을 발견하면서부터 사용된 가장 오래된 가열조리법이다. 물을 사용하지 않고 고온에서 단시간에 조리하기 때문에 수용성 영양소의 손실이 적고 식품 고유의 맛을 살릴 수 있다. 직화구이는 석쇠, 꼬치 등을 불 위에 직접 올려놓고 식품 재료가 열원의 위 또는 아래에서 조리되는 형태를 말한다. 너비아니구이, 생선양념구이 등이 이에 속한다. 간접구이는 열원 위에 팬 등의 조리 기구를 올려놓고 간접적으로 조리하는 방법으로, 철판구이, 팬구이 등이 있다. 오븐구이는 오븐을 이용한 조리방법으로 대표음식으로는 로스트 비프, 로스트 치킨 등이 있다.
- 볶기 : 고온의 냄비나 팬에 소량의 기름과 식품을 넣고 빠르게 익히는 조리법이다. 고온에서 단시간 가열되어 식품의 고유한 색, 향, 그리고 텍스처를 살릴 수 있다. 또한 수용성 성분의 용출이 적고 비타민의 손실이 적다. 볶는 과정에서 식품에 기름이 흡수되어 풍미를 증가시킨다.
- 지지기 : 넓고 얕은 팬에 소량의 기름을 사용하여 재료를 익히는 방법이다. 지지기는 재료에 따라 재료를 그대로 지지기도 하고, 식품 속의 수분이 빠져나가는

굽기와 관련된 서양조리 용어

- 브로일링 : 석쇠 위쪽에 열원으로부터 에너지를 받아 조리를 하는 상단 직화구이이다.
- 그릴링 : 석쇠 아래에 위치한 열원으로부터 에너지를 받아 조리를 하는 하단 직화구이로, 육류는 줄무늬가 나도록 굽는다.
- 팬 브로일링 : 팬 위에 뚜껑을 덮지 않은 채 조리하는 방식이다.
- 로스팅 : 육류, 가금류 등을 오븐 등에 넣어 가열하는 조리방법이다.
- 베이킹 : 빵, 파이, 케이크 등을 오븐 등에 넣어 가열하는 조리방법이다.

것을 방지하기 위해 밀가루, 달걀물 등을 입혀서 지지는 방법도 있다. 대표적으로 생선전, 풋고추전, 육원전, 표고전 등이 있다.

- 튀기기 : 다량의 고온의 기름에 식품을 넣고 익히는 조리법이다. 물보다 높은 온도에서 조리되기 때문에 조리시간이 짧고 영양소의 파괴가 적다. 튀기는 도중에는 조미가 되지 않으므로 가열 전후에 조미를 해야 한다. 튀기기는 재료 그대로를 튀기는 방법과 튀김옷을 입혀 튀기는 방법이 있다. 일반적으로 180℃ 전후에서 튀기나 식품의 종류와 식품 재료의 성분에 따라 튀기는 온도와 시간은 달라진다. 전분식품은 호화되는 시간을 고려하여 140~150℃의 낮은 온도에서 오래 튀기고, 단백질 식품은 고온에서 단시간 튀긴다.

③ 복합조리

브레이징braising은 건열조리와 습열조리가 함께 이루어지는 방법으로, 고기나 채소를 볶은 뒤 소량의 물을 붓고 뚜껑을 덮어 푹 끓인다.

④ 마이크로웨이브

마이크로웨이브는 일반 복사방법과는 달리 식품 자체에 있는 물분자가 급속히 진동하여 열을 발생시켜 식품을 가열한다. 마이크로웨이브는 적외선보다 파장이 짧으며 이를 이용한 조리기구로는 전자레인지가 있다. 마이크로웨이브 조리에는 915MHz나 2,450MHz인 마이크로웨이브가 사용될 수 있으며, 1MHz는 100만 번 회전을 의미한다. 식품에 마이크로웨이브가 닿으면 극성인 물분자가 반응하여 회전하면서 마찰이 일어나는데, 그때 발생되는 열에 의해 식품이 가열된다.

마이크로웨이브 조리의 장점은 가열속도가 빨라서 음식의 가열시간이 절약되고, 다른 조리법에 비해 영양소 파괴와 유출이 적은 것이다. 주의할 점은 조리 시에 지나친 수분 증발을 막기 위해 뚜껑을 덮어 조리하고, 이때 일부 수증기가 제거될 수 있도록 뚜껑을 조금 열어두어야 한다. 마이크로웨이브는 공기, 유리, 종이, 플라스틱 등은 투과하지만 금속은 이를 반사하는 성질 있다. 따라서 금속을 사용하면 마그네트론이 상하며, 금속 줄무늬가 있는 접시를 사용하면 금속 줄무늬 부분이 타므로 마이크로웨이브 조리에 사용하면 안 된다.

⑤ 유도가열조리

유도가열Induction Heating, IH의 원리는 그림 2-14에서와 같이 인덕션 레인지 상판 아래에 있는 코일에 전류를 보내면 코일에 자기장이 발생하고, 자기장이 상판 위에 놓은 냄비의 바닥을 통과할 때에 냄비의 재질에 포함된 저항성분(철 성분)에 의해 냄비 바닥에 와전류가 생성된다. 이러한 와전류는 냄비 자체만을 발열시키므로 레인지 상판이 달궈짐 없이 그릇만 뜨거워지는 유도가열이 일어나며, 가열된 조리도구의 열이 식품에 전달되어 조리가 이루어진다.

인덕션 레인지의 장점은 용기를 내부에서 직접 가열하므로 열 손실이 적어 효율이 높고 조리시간이 빠른 것이다. 또한 용기를 올바르게 감지하였을 경우에만 동작하므로 화재나 화상의 위험이 없다. 인덕션 레인지의 단점은 사용 용기에 제한을 받는 것이다. 인덕션 레인지에 사용 가능한 용기는 자석에 반응하는 철 재질이고, 자석에 반응하지 않는 비철 재질의 용기는 사용이 불가능하다.

- 철 재질 용기 : 주물, IH용 스테인리스 스틸, 무쇠, 법랑 등
- 비철 재질 용기 : 내열유리, 알루미늄, 구리, 뚝배기, 돌솥 등

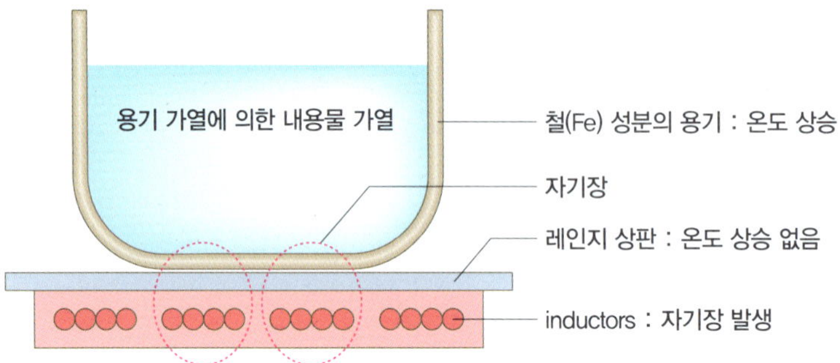

그림 2-14 **유도가열의 원리**

인덕션 레인지와 전기 레인지는 다른가요?

인덕션 레인지와 전기 레인지는 전혀 다른 전열기기이다. 전기 레인지Hi-light는 니크롬선에 전류를 흘려 주울 열Joule's Heat로 가열하는 방식으로, 코일이 가열되기 때문에 사용하는 용기 재질에 따른 영향을 받지 않는다. 오래전부터 전기곤로, 전기난로 등에 사용되었다.

4. 조미료

조미료는 식품 재료의 본맛을 약화 또는 강화시키기도 하고, 식품의 맛과 어우러져 새로운 맛을 부여하여 음식을 기호에 맞게 조절한다. 조미료에는 짠맛을 내는 소금·간장·된장, 단맛을 내는 설탕·꿀·조청·물엿·대체감미료, 신맛을 내는 식초, 감칠맛을 내는 글루탐산나트륨·이노신산나트륨·구아닐산나트륨, 그리고 매운맛을 내는 고춧가루·고추장 등이 있다. 조미료는 주로 이러한 맛을 내기 위해 사용하기도 하지만 음식의 색, 향미, 텍스처 등에도 영향을 준다.

1) 짠맛을 내는 조미료

짠맛을 내는 조미료에는 소금과 간장, 된장 등의 장류가 있다. 소금의 주성분은 염화나트륨이며, 나트륨은 소금 중량의 약 40%를 차지한다. 「식품공전」에는 "식염이란 해수(해양심층수 포함)나 암염, 호수염 등으로부터 얻은 염화나트륨이 주성분인 결정체를 재처리하거나 가공한 것 또는 해수를 결정화하거나 정제·결정화한 것을 말한다."라고

소금의 분류

- 천일염 : 바닷물을 염전으로 끌어들여 자연 상태에서 햇빛의 열로 증발시켜 제조되어 염화나트륨 외에도 염화칼슘, 염화칼륨, 황산마그네슘 같은 무기질을 비교적 다량 함유하고 있다. 1963년 「염관리법」 제정 시에는 천일염이 갯벌에서 생산되어 소금 결정 속에 불순물이 섞일 수 있다는 이유로 광물로 분류되었고, 1992년에 천일염을 「식품공전」에서 제외함으로써 식품으로의 사용을 제한했다. 하지만 정밀분석 후 문제가 없다는 판단으로 2008년 「식품공전」에 천일염이 기입되었으며, 「염관리법」의 개정으로 천일염이 식품으로 인정받았다.
- 재제소금 : 원료 소금을 정제수, 해수 또는 해수농축액 등으로 용해, 여과, 침전, 재결정, 탈수, 염도 조정 등의 과정을 거쳐 제조한 소금으로 염화나트륨 함량이 높다. 가정에서는 주로 꽃소금으로 부른다.
- 태움·용융 소금 : 원료 소금을 800℃ 이상의 온도에서 태움·용융 등의 방법으로 그 원형을 변형한 소금을 말하며, 대표적인 소금으로 죽염이 있다.
- 정제소금 : 해수를 이온교환막에 전기투석시켜 정제한 농축함수 또는 암염이나 천일염을 용해한 것을 진공증발관에 넣어 제조한 소금을 말한다. 입자가 가늘고 농도가 균일하기 때문에 과자류 등의 가공식품 제조에 많이 사용한다.
- 가공소금 : 천일염, 재제소금, 태움·용융 소금, 정제소금 등에 식품 또는 식품첨가물을 넣고 가공한 소금을 말하며, 최근에는 천일염의 고급화를 위해 기능성 가공소금이 개발되어 시판되고 있다.

저염 소금이 무엇인가요?

저염 소금은 염화나트륨NaCl 대신 염화칼륨KCl이 섞인 소금을 말한다. 칼륨이온도 나트륨이온과 유사한 짠맛을 내기 때문에 나트륨 대신 칼륨으로 대체된 소금이다. 건강한 사람에게는 나트륨 섭취를 줄이는 목적으로 사용이 가능하지만, 만성 신부전질환 환자의 경우에는 칼륨 배출 기능이 떨어져 고칼륨혈증 등이 올 수 있으므로 섭취를 피해야 한다.

정의하며, 식품 유형에 따라 천일염, 재제소금, 태움·용융 소금, 정제소금, 가공소금으로 분류된다. 소금은 음식의 간을 맞추는데 주로 사용하고, 장을 담글 때, 오이지 등의 장아찌를 담글 때, 김치의 주재료인 배추를 절일 때, 녹색채소를 데칠 때, 가정용 아이스크림을 만들 때, 빵과 과자를 만들 때 등 다양한 조리에 이용된다.

간장은 음식의 간을 맞추는 흑갈색의 즙액을 말하며, 짠맛 외에도 발효에 의해 감칠맛과 구수한 맛을 낸다. 간장에는 국간장과 진간장이 있으며, 국간장은 진간장과 비교하였을 때 짠맛이 강하고 색이 흐리다. 주로 국을 끓일 때 간을 하거나 나물을 무칠 때 사용한다. 진간장은 국간장에 비해 짠맛이 약하고 색이 진하며, 음식의 색을 낼 때나 조림, 볶음, 구이 등의 다양한 조리에 사용한다. 간장을 오래 가열하면 특유의 향미가 손실될 수 있으므로 가열조리의 마지막 단계에 첨가하는 것이 좋다. 「식품공전」에서는 한식간장, 양조간장, 산분해간장, 효소분해간장, 혼합간장으로 분류한다.

된장은 간장을 담가 장물을 떠내고 남은 건더기를 숙성시킨 것을 말한다. 된장에는 재래된장과 개량된장이 있다. 재래된장은 재래간장을 거르고 남은 건더기를 숙성시킨 것이고, 개량된장은 대두, 쌀, 보리, 밀 등에 누룩균을 넣고 발효시킨 것이다. 된장은 원

간장의 분류

- 한식간장 : 메주를 주원료로 하여 식염수 등을 섞어 발효 및 숙성시킨 후 그 여액을 가공한 것
- 양조간장 : 대두, 탈지대두, 곡류 등에 누룩균 등을 배양하여 식염수 등을 섞어 발효 및 숙성시킨 후 그 여액을 가공한 것
- 산분해간장 : 단백질을 함유한 원료를 산으로 가수분해한 후 그 여액을 가공한 것
- 효소분해 간장 : 단백질을 함유한 원료를 효소로 가수분해한 후 그 여액을 가공한 것
- 혼합간장 : 한식간장 또는 양조간장에 산분해간장 또는 효소분해간장을 혼합하여 가공한 것

료에 따라 쌀된장, 보리된장, 콩된장 등으로 분류한다. 된장은 콜로이드 분산액으로, 조리 시 식재료의 좋지 않은 냄새 성분이나 맛 성분을 흡착하여 제거한다. 된장을 오랜 시간 가열하면 특유의 향미 성분이 분해되고 쓴맛이 강해지므로 가열시간에 주의해야 한다.

2) 단맛을 내는 조미료

단맛을 내는 조미료에는 설탕, 꿀, 조청, 물엿, 대체감미료 등이 있으며, 일반적으로 설탕이 널리 사용된다. 흰설탕은 설탕 제조과정에서 가장 먼저 만들어지는 작은 입자의 순도 높은 설탕이다. 흰설탕이 생산된 후 몇 번 더 정제과정을 거치면서 열이 가해지면 황갈색을 띠는 갈색설탕이 생산된다. 파우더슈거는 흰설탕을 곱게 갈아 옥수수전분과 혼합한 것으로 케이크 프로스팅, 도넛 글레이징, 케이크나 과자의 표면을 장식할 때 사용한다. 설탕은 음식에 단맛을 부여하고 신맛, 쓴맛, 짠맛 등을 약하고 부드럽게 한다. 예를 들어, 쓴 커피에 설탕을 넣는 경우 커피의 쓴맛이 감소되기도 한다. 그 외에도 과일의 갈변 방지, 방부작용, 잼·젤리·마멀레이드 형성, 빵 제조 시 이스트의 영양분, 전분의 노화작용 억제, 캐러멜화, 마이얄 반응 등의 작용을 한다.

3) 신맛을 내는 조미료

식초는 신맛을 내는 대표적 조미료로 발효식초와 희석초산으로 구분한다. 발효식초는 곡류, 과실류, 주류 등을 주원료로 발효시켜 제조한다. 희석초산은 빙초산 또는 초산을 먹는 물로 희석하여 만든 액을 말한다. 식초는 생채, 겨자채 등의 음식에 신맛을 부여한다. 그 외에도 식초는 단백질의 열 응고를 촉진하여 달걀을 삶을 때 식초를 넣으면 달걀에 금이 가도 단백질이 응고되어 흰자의 유출이 감소된다. 붉은양배추와 같은 안토시아닌 색소를 함유한 식품에 식초를 첨가하면 선명한 붉은색이 유지되고, 양파 등의 안토잔틴 색소를 함유한 식품의 흰색을 안정화한다. 식초를 희석한 물로 생선을 씻으면 생선의 비린내가 제거된다. 또한 식초는 강력한 살균작용을 하여 피클 등의 식품에서 미생물 발육을 억제한다.

4) 감칠맛을 내는 조미료

국이나 찌개를 끓일 때 국물에 감칠맛을 내기 위해 다시마, 멸치, 조개, 버섯 등을 이용한다. 이러한 식품에는 글루탐산나트륨MSG, 이노신산나트륨IMP, 구아닐산나트륨GMP 등의 감칠맛 성분이 존재한다. 글루탐산나트륨은 다시마에서 처음 분리되었고, 이노신산나트륨은 가다랭이, 구아닐산나트륨은 표고버섯에서 분리되었다. 현재는 화학적으로 합성하여 복합조미료의 형태로 사용한다. 복합조미료는 글루탐산나트륨에 이노신산나트륨과 구아닐산나트륨을 1~10% 혼합한 것을 소금 결정에 코팅하여 제조한다. 이노신산나트륨과 구아닐산나트륨은 글루탐산나트륨과 함께 사용하면 감칠맛을 더욱 강하게 한다.

5) 매운맛을 내는 조미료

매운맛을 내는 조미료에는 고춧가루, 고추장, 후추 등이 있다. 고춧가루와 고추장의 매운맛은 고추의 매운맛 성분인 캡사이신에 기인한다. 고춧가루는 붉게 익은 고추를 건조시켜 분쇄하여 가루로 만든 것으로, 입자의 크기에 따라 매운맛을 감지하는 정

그림 2-15 **입자 크기가 다른 고춧가루**

고추의 매운맛 단위

세계적으로 고추의 매운맛 단위는 스코빌 지수Scoville Heat Unit, SHU를 사용한다. 캐롤라이나 리퍼와 같은 매운 고추들은 85.5만~248만 SHU, 우리나라의 청양고추는 약 1만~3만 SHU, 그리고 파프리카는 1백~1천 SHU로 알려져 있다.

도가 다르다. 고운 고춧가루는 고추장 제조와 조미료로 주로 사용하고, 중간 굵기의 고춧가루는 배추김치와 깍두기를 담글 때, 그리고 굵은 고춧가루는 열무김치 등에 사용한다.

고추장은 고춧가루를 이용한 대표 제품이며, 두류 또는 곡류 등을 주원료로 하여 누룩균 등을 배양한 후 고춧가루, 소금 등을 넣고 발효·숙성시킨 것을 말한다. 사용하는 전분질 원료에 따라 찹쌀고추장, 현미고추장, 보리고추장, 밀고추장 등으로 분류한다. 고추장은 매운맛 외에도 짠맛, 전분질의 가수분해에 따른 단맛, 아미노산의 감칠맛, 발효 시 생성된 유기산의 향미 등이 어우러져 있다. 고추장은 생선 비린내 제거효과가 있어서 생선탕이나 찌개를 끓일 때 사용한다. 또한 오이생채, 나물무침 등에도 이용하고, 비빔밥의 볶음고추장, 그리고 생선회와 함께 초고추장의 형태로 이용하기도 한다.

후추는 덜 익은 열매로 만드는 검은후추, 완전히 익은 열매의 껍질을 벗겨 만드는 흰후추가 있다. 후추의 매운맛 성분은 채비신으로 껍질에 많이 함유되어 있으며, 껍질을 제거한 흰후추에 비해 검은후추의 매운맛이 강하다. 검은후추는 육류의 누린내나 생선의 비린내를 제거하기 위해 일반적으로 사용한다. 흰후추는 흰살생선요리, 화이트소스 등 흰색요리를 할 때 사용한다. 통후추는 덜 익은 열매로 만들며 직접 갈아서 사용하거나 통으로 이용한다. 배숙, 육류요리, 피클 등을 만들 때 사용한다.

우리나라 고추장의 매운맛 단위

우리나라에서 고추장의 매운맛은 GHU(Gochujang Hot taste Unit)를 사용하며, 이는 캡사이신과 디하이드로캡사이신을 합한 것에 환산계수 0.769를 곱하여 mg/kg으로 나타낸다. 고추장 매운맛 1단계는 GHU 30 미만, 2단계는 GHU 30~45 미만, 3단계는 GHU 45~75 미만, 4단계는 GHU 75~100 미만, 그리고 5단계는 GHU 100 이상으로, 총 5단계로 구분되며 KS규격 인증을 받은 고추장제품에 적용되고 있다.

당류 및 전분

CHAPTER 3

1. 당류
2. 전분

CHAPTER 3

당류 및 전분

생물체의 구성 성분과 에너지원으로 사용되는 탄수화물에는 당류와 전분이 포함되며, 녹색식물은 광합성을 통해 글루코스를 합성하고 글루코스 분자들은 중합체인 전분이나 섬유소로 저장된다. 당류는 주로 단맛을 내는 감미료로 사용되고, 전분은 에너지원으로 사용된다.

1. 당류

당류는 단맛을 내며, 조리에서는 감미료로 사용된다. 천연감미료에는 수크로스, 프럭토스, 글루코스, 꿀, 전화당, 조청 등이 있고, 대체감미료에는 당알코올, 아스파탐, 아세설팜칼륨, 스테비오사이드, 수크랄로스, 알룰로스, 타가토스 등이 있다.

1) 감미료의 종류 및 특성

(1) 천연감미료

① 수크로스

수크로스sucrose(자당)는 단맛을 주는 기본물질이다. 식품으로 사용되는 설탕류는 사탕수수나 사탕무 등에서 추출한 당액 또는 원당을 정제한 설탕, 기타 설탕을 말한다. 기타 설탕에는 당액이나 원당을 정제 및 가공한 것에 식품 또는 식품첨가물을 혼합한 것을 말한다. 조리 시에는 다양한 음식에 단맛을 부여하거나 저장성을 높이기 위해 당절임 등에 사용되며, 잼과 젤리, 캔디 등의 재료로도 사용된다.

② 글루코스

글루코스glucose(포도당)는 포도를 비롯한 과일에 많이 들어 있다. 수크로스, 말토스와 같은 이당류, 그리고 전분과 같은 다당류의 구성이 되는 기본 당이다.

③ 프럭토스

프럭토스fructose(과당)는 전분을 당화시켜 얻은 글루코스를 이성화하거나 설탕을 가수분해하여 얻은 당액을 가공한 것을 말한다. 흡습성이 높고 과일과 꿀에 많이 함유되어 있다. 천연감미료 중 단맛이 가장 강하기 때문에 조리 시 당의 함량을 줄이는 용도로 사용한다.

④ 벌꿀류

벌꿀류는 꿀벌들이 꽃꿀, 수액 등의 자연물을 채집하여 벌집에 저장한 것이나 이를 채밀한 것을 말하며, 벌집꿀, 벌꿀, 사양벌집꿀, 사양벌꿀 등이 있다. 벌집꿀은 벌집 고유의 형태를 유지하고 있는 것으로, 꿀이 들어 있는 벌집의 전체 또는 일부를 봉한 것이나 이에 벌꿀을 가한 것이다. 벌꿀은 벌집에 저장된 꿀을 채밀, 숙성시킨 것이다. 사양벌집꿀은 꿀벌을 설탕으로 사양한 후 채취한 벌집꿀 또는 이에 벌꿀이나 사양벌꿀을 가한 것으로 벌집 고유의 형태를 유지하고 있다. 사양벌꿀은 꿀벌을 설탕으로 사양한 후 채밀, 숙성시킨 것을 말한다. 또한 꽃의 종류에 따라 아카시아꿀, 유채꿀, 밤꿀, 메밀꿀 등으로 구분하기도 한다. 우리나라에서는 유밀과, 약식, 다식 등의 음식에 감미료로 사용된다.

⑤ 전화당

전화당은 수크로스를 효소나 산에 의해 가수분해하면 생성되는 프럭토스와 글루코스의 동량 혼합물이다. 프럭토스로 인해 결정화가 되지 않으며, 양갱, 케이크 등의 원료로 사용된다.

⑥ 물엿

물엿은 전분당의 대표적인 제품으로, 전분 또는 전분질 원료를 산이나 효소로 가수분해하여 여과 농축한 액체 감미료이다. 원료 전분으로는 옥수수, 고구마, 감자, 밀 등이 사용된다. 가수분해의 정도는 글루코스 당량dextrose equivalent, DE으로 나타내며, 범위는 22~88이다. DE가 높은 고분해형 물엿, DE가 낮은 저분해형 물엿으로 구분된다. 고분해형 물엿은 단맛이 강하고 흡수성이 높으나 점성이 낮다. 저분해형 물엿은 점성이 높다. 고과당시럽은 고분해형 물엿에 산이나 효소를 작용시켜 글루코스의 일부를 프럭토스로 전환하여 프럭토스 함량을 42~55%가 되도록 만든 것으로, 단맛이 강하여 음료 제조 시 설탕 대신 사용된다.

⑦ 조청

조청은 멥쌀, 찹쌀, 수수, 조, 고구마 등의 전분을 엿기름으로 당화시켜 장시간 가열하여 농축시킨 것으로 당의 주성분은 말토스이다. 우리나라에서는 강정 바탕에 바르기도 하고, 꿀의 대용으로 떡이나 과자 등의 음식을 만들 때 사용하였다.

(2) 대체감미료

대체감미료는 대부분 강한 단맛을 내고 열량이 낮기 때문에 다이어트 식품, 당뇨 환자용 식품 등의 제조 시 설탕의 대체제로 사용된다.

① 당알코올

당알코올은 단당류의 알데하이드기가 환원되어 생성되며, 설탕의 0.4~1.0배의 감미도를 가진다. 에너지를 내지 않아 설탕의 대체감미료로 이용된다. 솔비톨은 글루코스에서 환원되었고, 비타민 C의 합성원료, 무가당 음료, 저열량 식품에 사용된다. 만니톨은 만노스에서 환원되었으며 당뇨병 환자의 대체감미료로 사용된다. 자일리톨은 자일로스에서 환원되었으며 충치의 원인이 되는 산을 형성하지 않는다고 하여 껌, 아이스크림, 사탕 등에 사용된다.

② 아스파탐

아스파탐aspartame은 페닐알라닌과 아스파르트산이 결합된 인공감미료이다. 수크로스의 약 200배에 해당하는 단맛을 가진다. 1981년부터 FDA에 의해 GRASgenerally recognized as safe 물질로 인정되어 사용되고 있다. 아스파탐은 가열에 의해 단맛이 없어지므로 가열 후에 첨가해야 한다. 페닐알라닌을 분해하는 효소가 결핍되어 있는 페닐케톤뇨증 환자는 섭취하면 안 된다. 아스파탐은 다이어트 음료, 비타민 등 다양한 제품에 사용되고 있다.

아스파탐과 뉴트라스위트?

아스파탐은 화학 원료명이고, 뉴트라스위트는 아스파탐의 브랜드명으로 '건강한 단맛을 주는 제품'이라는 의미를 가지고 있다. 당시 아스파탐에 대한 특허권을 가진 몬산토는 코카콜라와 펩시와의 공동 마케팅을 통하여 뉴트라스위트를 첨가한 다이어트 콜라를 시판하고, 겉면에는 'Nutrasweet Inside' 로고를 붙여 인공감미료인 아스파탐에 대한 거부감을 줄였다. 또한 다이어트 콜라 시장이 커지면서 아스파탐이 세계에서 가장 많이 생산되는 식품첨가물로 자리매김하게 된다.

③ 아세설팜 칼륨

아세설팜 칼륨acesulfame K은 수크로스의 약 200배의 단맛을 내며, 가열온도가 단맛에 영향을 주지 않는다. 껌, 아이스크림, 해초가공품 등에 사용한다.

④ 스테비오사이드

스테비오사이드stevioside는 스테비아의 잎에 함유된 감미물질이다. 수크로스의 약 300배 정도의 단맛을 가진다. 우리나라에서는 소주의 단맛을 내는 원료로 사용하며, 그 외에도 절임류, 간장, 케첩 등에 이용된다.

스테비아란 무엇인가요?

스테비아란 남아메리카가 원산지인 국화과 스테비아속의 여러해살이 풀이다. 우리나라에는 1970년대에 처음 들어왔으며, 현재에는 허브차, 음료, 천연감미료, 다이어트 식품, 건강보조식품 등에 이용된다.

⑤ 수크랄로스

수크랄로스sucralose는 수크로스의 약 600배 정도의 단맛을 낸다. 설탕으로부터 제조되었으며 단맛의 지속시간은 설탕과 비슷하다. 음료, 잼, 가공유, 케이크, 껌 등에 사용된다.

⑥ 알룰로스

알룰로스allulose는 건포도, 무화과 등에 소량 존재하며, 설탕과 비교할 때 70% 감미도를 나타낸다. 열량은 0~0.2kcal/g으로 설탕의 5%에 불과하다. 알룰로스는 소화관에서 거의 흡수되지 않아 저열량의 기능성 감미료로 이용될 수 있다. 알룰로스의 용해도, 수분활성도, 점도 등의 특성은 프럭토스와 매우 유사하기 때문에 기존 식품 가공에 적용이 가능하다.

⑦ 타가토스

타가토스tagatose는 카카오나무 검 추출물의 구성성분이며 과일, 우유, 치즈 등에도 존재한다. 산업적으로는 락토스에 들어 있는 갈락토스를 효소와 반응시켜 생산한다. 설탕과 비교했을 때 단맛은 거의 비슷하지만, 열량은 1.5kcal/g으로 설탕의 38% 정도이다. 식품에서는 감미료, 안정제, 습윤제 등 식품첨가제로 사용된다.

2) 당류의 조리 특성

(1) 감미

당류는 구성 당의 종류에 따라 단맛의 강도와 맛이 다르다. 감미료의 단맛은 온도에 따라 일정한 단맛을 가지는 수크로스가 기준이 된다. 천연감미료 중에서는 프럭토스가 단맛이 가장 크고 수크로스, 글루코스, 말토스, 갈락토스, 락토스의 순으로 단맛이 감소한다. 프럭토스는 온도가 낮아지면 α형보다 단맛이 3배 강한 β형이 많아져서 단맛이 강해진다.

(2) 용해도

당은 많은 -OH기를 가지고 있어서 친수성을 나타내며, 단맛이 가장 강한 프럭토스가 가장 잘 녹고 단맛이 가장 약한 락토스의 용해도가 가장 낮다. 따라서 락토스는 결정화되기 쉬우며, 락토스가 함유된 아이스크림은 모래 같은 질감을 나타낸다. 또한 용해도는 온도의 영향을 받으며, 온도가 높아지면 용매에 더 많은 용질이 녹는다. 당용액은 용매에 용질이 녹아 있는 비율에 따라 불포화용액, 포화용액, 과포화용액으로 분류된다.

(3) 결정화

결정화는 과포화된 고농도의 당용액을 가열한 후 냉각할 때에 용액의 용해도가 떨어져 핵을 형성한 후 결정이 석출되는 것이다. 결정화는 캔디 제조 시 중요한 과정이고, 당의 종류, 용액의 농도, 온도, 젓는 속도, 결정 형성 방해물질 등에 의해 영향을 받는다.

(4) 갈변

당의 갈변은 비효소적 갈변 반응인 캐러멜화와 마이얄 반응이 이루어진다. 캐러멜화는 170℃ 이상의 고온에서 당을 가열할 때 흑갈색의 캐러멜을 형성하는 갈변 반응이다. 마이얄 반응은 당과 아미노산을 가열하거나 일정 기간 저장 시에 갈색 물질인 멜라노이딘을 형성하며, 아미노-카보닐 반응 또는 멜라노이딘 반응이라고도 한다.

(5) 가수분해

이당류는 산, 효소, 가열에 의해 단당류로 가수분해된다. 수크로스는 산에 의해 쉽게 분해되고, 말토스와 락토스는 가수분해가 천천히 일어난다. 수크로스를 전화효소로 가수분해하면 글루코스와 프럭토스의 동량 혼합물인 전화당이 생성된다. 수크로스를 가열하여 캔디를 만을 때도 당의 가수분해가 일어난다.

(6) 흡습성

공기 중의 습기를 흡수하는 성질을 흡습성이라 하며, 식품의 텍스처에 영향을 준다. 꿀, 전화당, 고과당시럽과 같이 프럭토스 함량이 높은 당류는 글루코스나 수크로스에 비해 흡습성이 크다. 흡습성이 높은 꿀을 사용한 케이크는 촉촉한 감이 높아져 긍정적인 영향을 주는 반면, 쿠키의 경우에는 눅눅함을 부여하여 부정적인 영향을 준다.

(7) 기타 조리 특성

수크로스는 다양한 식품에 부재료 또는 조미료로 사용되며, 그 특성은 다음과 같다.

수크로스는 펙틴 젤을 형성하고, 한천 젤의 강도와 투명도를 높인다. 당장식품의 경우에는 식품의 수분 활성을 낮추고 미생물의 생육을 저해하여 저장성을 부여한다. 전분의 호화 상태를 유지시키고 노화를 지연시킨다. 열에 대한 단백질의 응고를 지연시켜 제품이 단단해지는 것을 방지한다. 이스트의 발효를 촉진한다. 난백의 기포 안정성을 증가시킨다.

3) 당류의 조리

(1) 결정형 캔디

폰단트

퍼지

결정형 캔디에는 폰단트, 퍼지, 디비니티 등이 있다. 결정형 캔디 조리 시에는 수크로스 용액을 가열하는 냄비 가장자리에 결정이 남아 있지 않게 용해시킨다. 수크로스가 완전히 용해되면, 폰단트는 114~117℃, 퍼지는 112~120℃, 디비니티는 122~127℃까지 가열하여 용액을 농축시킨다. 높은 온도에서 가열하면 결정이 작고 단단해지며, 낮은 온도에서 가열하면 결정이 크고 무른 질감을 낸다. 농축된 수크로스 용액은 다른 용기에 옮긴 후 식힌 뒤 저어준다. 젓는 과정에서 결정이 형성되며, 높은 온도에서 저으면 핵의 생성이 쉽고 큰 결정이 형성되어 거친 질감을 낸다. 40℃까지 식은 뒤 저으면 핵이 생성되는 시간은 오래 걸리지만 핵의 양이 많고 미세한 결정이 형성된다. 달걀흰자, 시럽, 꿀, 우유, 타르타르산염, 한천, 버터, 유기산 등은 결정의 성장을 방해하는 역할을 한다.

브리틀

(2) 비결정형 캔디

비결정형 캔디에는 캐러멜, 브리틀, 태피, 토피 등이 있다. 결정형 캔디보다 가열온도가 높고 수크로스를 아주 높은 과포화 상태로 농축하여 결정이 생기지 않게 한다. 결정 형성을 막기 위해 결정 형성 억제물질을 첨가하기도 한다. 캐러멜은 수크로스와 동량으로 많은 양의 시럽, 우유, 버터 등을 넣고 서서히 저어가며 118℃까지 가열한 다음에 냉각시켜 성형한다. 브리틀은 수크로스 용액에 많은 양의 시럽을 넣고 고온에서 가열한 다음, 견과류와 베이킹 소다를 넣어 가스를 발생시킨 후 일정한 틀에 붓고 재빨리 냉각시킨다. 태피는 많은 양의 시럽과 산을 첨가하여 높은 온도에서 농축시킨 후 손으로 늘려 엿처럼 만든 것이다. 토피는 캐러멜화한 설탕, 당밀, 버터, 밀가루 등을 섞어 만들며, 견과류나 건포도 등을 넣기도 한다.

태피

토피

2. 전분

전분은 녹색식물이 광합성을 통해 만든 글루코스가 수백에서 수천 개까지 결합된 다당류이다. 주로 곡류, 두류, 서류 등에 함유되어 있다. 전분의 입자의 크기와 모양은 식물체의 종류에 따라 다르며, 이에 따른 조리 특성도 다르다.

1) 전분의 종류

전분은 곡류, 두류, 서류 등에 입자 형태로 들어 있으며, 식물의 종류에 따라 구형, 타원형, 다면체 등 그 모양과 형태가 다르다. 전분의 크기가 큰 감자전분은 곡류 팽윤력과 점도가 크고 호화되기 쉽다. 쌀, 귀리 등은 전분입자의 크기가 작아 노화되기 쉽다.

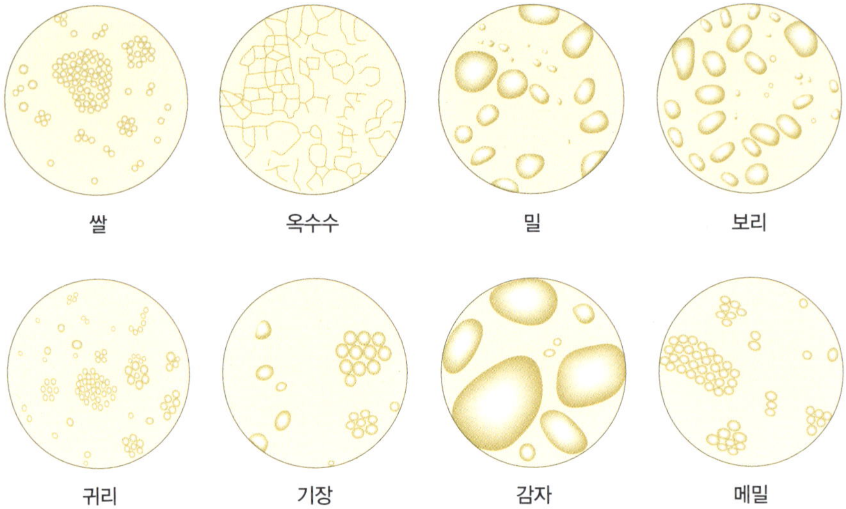

그림 3-1 **전분의 입자 형태**

2) 전분의 구조

전분은 아밀로스와 아밀로펙틴으로 구성된다. 아밀로스는 글루코스가 α-1,4 글리코시드 결합으로 이루어진 직선상의 긴 사슬 모양이며, α-글루코스는 6~8분자마다 한 번씩 회전하여 나선 구조를 이룬다. 아밀로펙틴은 α-1,4 및 α-1,6 글리코시드 결합으로 이루어진 분지상으로 전체적인 분자 형태는 나무와 같은 모양을 하고 있다.

일반적으로 전분의 아밀로스와 아밀로펙틴의 함량은 2 : 8 정도이나 전분의 종류에

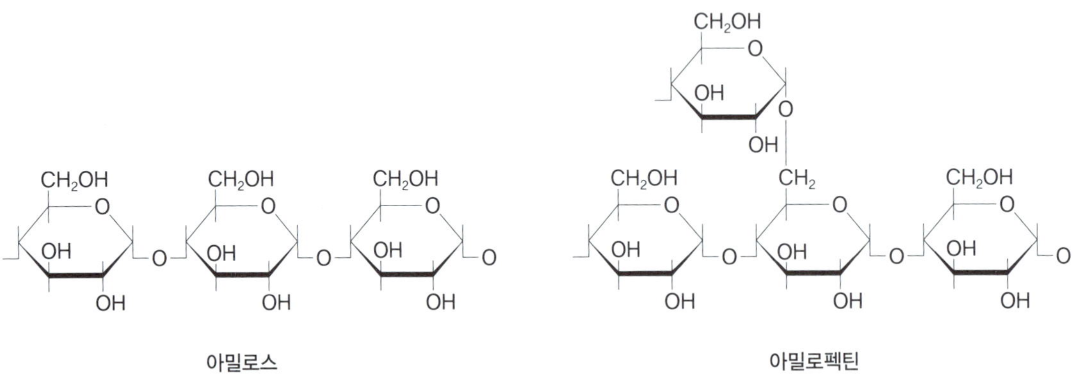

그림 3-2 **아밀로스와 아밀로펙틴의 구조**

따라 차이가 있다. 찹쌀, 찰옥수수, 차조 등은 아밀로스를 거의 함유하고 있지 않거나 소량 함유하고 있다.

3) 전분의 가수분해

전분을 분해하는 효소에는 α-아밀라제, β-아밀라제, 그리고 글루코아밀라제가 있다. α-아밀라제는 전분의 α-1,4결합을 무작위로 가수분해한다. 아밀로펙틴에서 α-아밀라제가 작용하지 못하고 남은 부분을 α-아밀라제 한계 덱스트린이라고 한다. α-아밀라제는 전분을 가수분해하여 점도를 감소시켜 액화를 일으키는 효소이다.

β-아밀라제는 전분의 α-1,4결합을 말토스 단위로 말단부터 가수분해한다. 아밀로펙틴에서 β-아밀라제가 작용하지 못하고 남은 부분을 β-아밀라제 한계 덱스트린이라고 한다. 생성된 말토스는 독특한 단맛을 내므로 이 반응을 당화반응이라고 한다. 식혜나 고추장을 만들 때 사용하는 엿기름은 β-아밀라제의 활성이 커서 말토스를 생성한다.

글루코아밀라제는 전분의 α-1,4결합과 α-1,6결합을 분해하는 효소이며, α-1,4결합만으로 구성된 아밀로스는 모두 분해하고, 아밀로펙틴은 80~90% 분해한다. 주로 고순도 결정글루코스를 생산하는 데 이용된다.

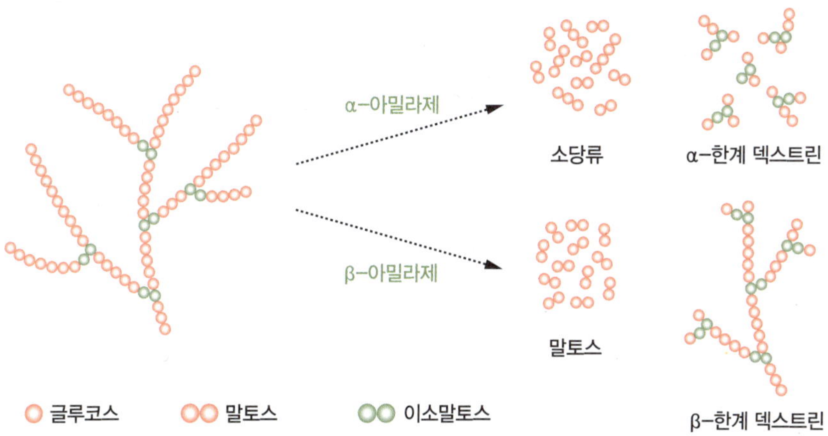

그림 3-3 **한계 덱스트린의 구조**

4) 전분의 조리 특성

(1) 전분의 호화

생전분(β전분)에 물을 가하면 전분의 비결정 부분이 물을 흡수하여 가역적으로 팽윤한다. 팽윤된 전분에 열을 가하면 물이 결정 부분까지 침투되어 흡수량이 증가한다. 계속 가열하면 결정 구조 내의 수소결합이 파괴되고 결정 구조를 비결정형으로 변화시켜 반투명의 콜로이드 상태가 되는데 이와 같은 현상을 호화라고 한다. 호화된 전분은 일부 아밀로스가 용출되어 점도와 투명도가 증가하고 소화효소에 의해 쉽게 소화된다. 전분의 호화는 비가역적 반응이며, 전분의 종류, 수분, 온도, 첨가물 등에 영향을 받는다.

① 전분의 종류

전분의 호화는 전분입자의 형태나 크기, 아밀로스와 아밀로펙틴의 함량, 내부 구조 등에 영향을 받는다. 감자와 같이 전분의 입자가 크면 저온에서 호화가 시작되어 90℃ 부근에서 투명도가 높은 졸이 된다. 반면, 전분입자가 작으면 호화온도가 높아진다. 아밀로펙틴의 함량이 많으면 호화속도는 느리지만 호화가 된 상태에서는 안정된 구조를 유지한다.

② 수분

수분은 전분이 호화되기 위해 필요하다. 첨가되는 수분이 많을수록 전분입자가 쉽게 팽윤되어 호화가 빨리 진행된다.

③ 온도

대부분 전분의 호화온도는 56~75℃ 이상이며, 가열하는 온도가 높을수록 호화시간이 단축된다.

④ 기타 첨가물질

전분분자 사이의 수소결합은 pH에 영향을 받는다. 전분에 산을 첨가하여 가열하면 일부 가수분해되어 호화 시 점도가 낮아진다. 따라서 산도가 높은 과즙을 넣은 전분소스를 만들 때에는 전분을 호화시킨 후 과즙을 첨가하는 것이 바람직하다.

설탕은 친수성으로 전분의 수분 흡수를 방해하여 호화 개시온도를 높인다. 설탕 농도 50% 이상이 되면 호화가 지연되고 투명도도 낮아진다. 지방은 전분입자를 둘러싸서 전분의 수분 흡수를 지연시켜 팽윤과 호화를 방해한다. 무기염류는 일반적으로 호화를 촉진하나, 황산염은 호화를 억제시킨다.

(2) 전분의 노화

호화된 전분을 낮은 온도에 방치하면 전분분자가 모이면서 인접한 분자끼리 수소결합을 하여 부분적으로 결정화되는데, 이를 β전분이라고 하고 이러한 현상을 노화라고 한다. 노화가 일어나면 전분분자의 사슬끼리 서로 끄는 힘이 작용하여 전분 사슬과 결합되었던 물이 외부로 빠져나오는데, 이를 이액현상syneresis이라고 한다. 전분의 노화는 전분의 종류, 수분, 온도, 첨가물질 등에 영향을 받는다.

① 전분의 종류

전분의 노화는 전분의 종류에 영향을 받는다. 쌀, 옥수수 등과 같이 전분의 입자가 작으면 노화되기 쉽고, 감자와 고구마와 같이 전분입자가 크면 노화가 어렵다. 아밀로스 함량이 많은 전분은 노화되기 쉽고, 아밀로펙틴은 가지 형태의 구조를 가지고 있어 노화되기 어렵다. 따라서 찹쌀떡보다 멥쌀로 만든 떡이 빨리 굳는다.

② 수분

전분의 노화는 호화전분의 수분 함량이 30~60%일 때 빨리 일어난다. 수분 함량이 15% 이하이거나 60% 이상이면 노화가 잘 일어나지 않는다.

③ 온도

전분의 노화는 0~5℃의 냉장온도에서 잘 일어난다. 노화를 예방하기 위해서는 호화된 전분을 냉동하거나 60℃ 이상의 온도에서 저장하면 노화가 지연된다.

④ 첨가물질

호화전분에 들어 있는 첨가물질이 알칼리성이면 노화가 억제되고, 산을 첨가하면 노화가 촉진된다. 일반적으로 호화된 전분은 무기염류에 의해 노화가 억제되지만, 황산염은 노화를 촉진시킨다. 지방은 노화도 억제한다.

(3) 전분의 젤화

전분가루에 물을 첨가하여 가열하면 전분은 호화되고, 이를 젓지 않은 상태로 냉각하면 호화 시 용출되었던 아밀로스분자 사슬 간의 수소결합에 의해 입체적 망상 구조를 형성하여 내부에 물이 갇히게 되어 젤을 형성하는데, 이 현상을 젤화라 한다.

젤은 아밀로스가 부분적으로 결정을 만드는 물리적 변화이며, 찰전분과 같이 아밀로펙틴으로만 이루어진 전분은 젤화가 일어나지 않는다. 또한 쌀전분에 비해 아밀로스 함량이 높은 옥수수전분은 단단한 젤을 형성한다. 산은 전분을 가수분해하여 입체적 망상 구조 형성에 방해가 되므로 젤이 잘 형성되지 않는다. 설탕은 전분의 호화에 사용되어야 하는 수분을 흡수하여 아밀로스 용출이 충분하지 않게 하며, 따라서 젤 형성이 어렵고 강도를 감소시킨다.

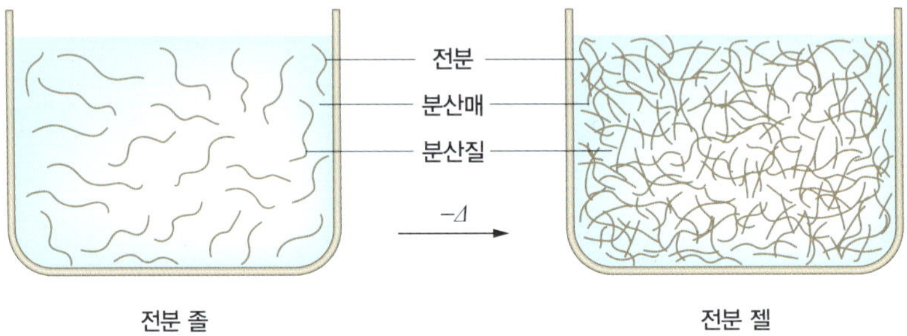

그림 3-4 **전분 졸과 전분 젤**

(4) 전분의 호정화

누룽지

전분에 물을 첨가하지 않고 160~170℃ 건열로 가열하면 전분분자의 글리코시드 결합이 끊어져 가용성의 덱스트린으로 분해된다. 전분이 가용성 덱스트린으로 변하는 과정을 전분의 호정화라고 한다. 호정화된 전분은 가용성으로 물에는 잘 녹으나 점도는 낮다. 미숫가루, 뻥튀기, 누룽지, 구워진 빵의 표면 등이 호정화의 대표적인 예이다.

(5) 전분의 당화

전분이 산이나 효소에 의해 단당류인 글루코스, 이당류인 말토스, 그리고 올리고당으로 가수분해되어 단맛이 증가한다. 이 현상을 당화라고 한다. 당화를 이용한 식품에는 식혜, 고추장, 물엿, 조청 등이 있다. 식혜는 쌀의 전분입자 일부를 엿기름에 존재하는 아밀라제를 이용하여 가수분해하여 당화시킨 것이다. 식혜의 밥알은 전분의 일부가 당화되어 위로 떠오른다.

식혜

쌀과 잡곡류

CHAPTER 4

CHAPTER 4

쌀과 잡곡류

곡류란 쌀이나 보리, 밀, 옥수수처럼 식량으로 이용이 가능한 전분질의 종자로, 대부분 화본과(벼과)에 속하는데 곡물이라고도 한다. 주로 탄수화물의 좋은 급원으로 이용되며 그 종류는 크게 쌀, 맥류, 잡곡의 세 가지로 분류된다.

맥류에는 보리·밀·귀리·호밀 등의 곡류가 포함이 되며, 잡곡에는 옥수수·조·기장·피·수수 등이 포함된다.

1. 곡류의 구조

곡류는 종류에 따라 세부 구조는 다르지만 대체로 왕겨로 둘러싸여 있는 겉부분의 내부에 겨층, 배유, 배아의 세 부분으로 구성되어 있다.

왕겨는 곡류의 제일 바깥 껍질로, 밀이나 쌀의 왕겨는 대부분 사료나 비료로 사용되는 경우가 많다. 겨층은 과피와 종피, 외배유, 호분층을 포함하는 구조로 소화가 어려운 셀룰로스나 헤미셀룰로스와 같은 식이섬유로 구성된 두꺼운 세포벽을 가지고 있다. 겨층을 벗겨내는 과정을 도정이라고 한다. 배아는 불포화지방산을 다량 함유하고 있어서 쉽게 산화될 수 있으므로 곡류의 대부분은 배아를 제거한 형태로 판매하고 있다.

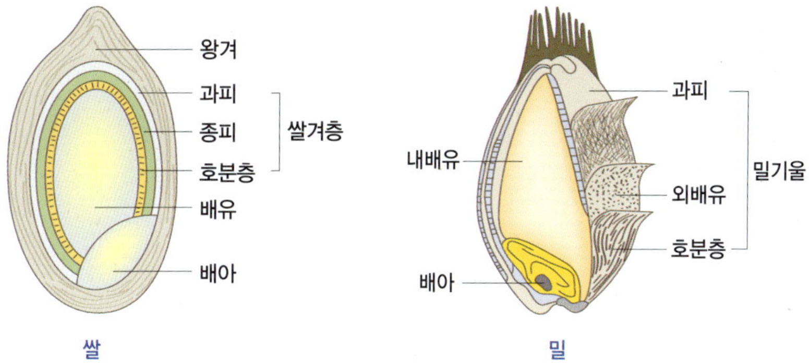

그림 4-1 **곡류의 구조**

배유는 곡류의 대부분 차지하는 부위로 배유세포는 주로 전분과 단백질로 구성되어 있다.

2. 곡류의 구성 성분

곡류의 탄수화물은 대부분 전분의 형태로 존재하며 그 함량은 평균 75% 정도이다. 곡류는 10% 내외의 단백질을 함유하고 있으며, 그 구성 아미노산의 양과 구성비는 곡류의 종류에 따라 다양하다. 대부분의 경우 필수아미노산의 조성이 불완전하며 특히

표 4-1 **곡류의 일반 성분**

(가식부 100g당)

식품	에너지 (kcal)	수분 (g)	단백질 (g)	지질 (g)	회분 (g)	탄수화물 (g)	당류(g)	식이섬유 (g)	무기질					비타민		
									칼슘 (mg)	인 (mg)	철 (mg)	칼륨 (mg)	나트륨 (mg)	B_1 (mg)	B_2 (mg)	니아신 (mg)
쌀(백미)	366	13.0	6.81	1.05	0.40	78.74	0.50	1.9	7	101.00	0.24	88	2	0.099	0.028	1.059
쌀(현미)	357	13.3	7.33	2.23	1.25	75.92	1.18	3.90	14.00	295.00	1.05	248.00	3.00	0.286	0.025	1.501
보리(겉보리)	349	11.8	8.75	1.67	0.90	76.89	0.92	10.9	33	207	1.84	223	3	0.222	0.020	1.302
보리(쌀보리)	341	13.7	8.66	1.66	0.90	75.04	0.51	12.5	38	203	2.28	275	5	0.153	0.050	1.187
귀리	380	11.5	11.40	7.35	2.00	67.71	0.32	-	80	308	2.93	458	0	0.186	0.021	-
옥수수	118	70.4	4.01	1.50	0.73	23.39	4.91	3.1	3	105	0.75	261	0	0.218	0.082	-

자료 : 농촌진흥청 국립농업과학원. 국가표준식품성분표 제10차 개정판, 2021.

리신, 트립토판, 메티오닌 등의 필수아미노산의 함량이 낮다. 곡류의 지질 함량은 매우 낮으며, 대부분이 배아에 포함되어 있어서 곡류의 도정 중에 거의 제거된다. 무기질과 비타민은 대부분 곡류의 겨층에 함유되어 있는데 도정률이 증가함에 따라 그 함량이 감소된다.

3. 쌀

1) 쌀의 종류

벼의 껍질을 벗긴 알맹이가 쌀인데 이는 밀, 옥수수와 함께 세계의 3대 식량 작물이다. 벼는 열대와 온대 지역 등 전 세계에서 광범위하게 재배되고 있는 작물로 그 품종은 인디카형과 자포니카형으로 나눈다.

인디카형

자포니카형

멥쌀

찹쌀

인디카형 쌀은 전 세계 생산량의 대부분을 차지하는데, 쌀알의 모양이 가늘고 긴 장립종이다. 인디카형 쌀은 배유를 둘러싼 세포벽이 두꺼워서 밥을 지어도 세포벽이 유지되어 전분이 세포 안에 갇혀 있으므로 자포니카형 쌀에 비해 끈기가 약하다. 자포니카형 쌀은 주로 한국과 일본, 중국에서 소비가 많은 종으로 쌀알의 모양이 둥글고 길이가 짧은 단립종이다. 자포니카형 쌀로 지은 밥은 찰기가 강하고 끈기가 있는 특징을 지닌다.

우리나라에서 생산 및 판매되는 쌀은 대부분 멥쌀인데, 멥쌀의 전분은 아밀로펙틴의 함량이 80% 정도이며 나머지는 아밀로스로 구성되어 있다. 이는 요오드와 반응을 시켰을 때 청자색을 나타내며 낟알은 반투명하고 비중이 높다. 찹쌀의 전분은 아밀로펙틴으로만 구성되어 있으며, 요오드와 반응시키면 적갈색을 나타내고 낟알은 유백색을 띠는 특징이 있다.

2) 쌀의 성분

쌀의 주성분은 전분으로 전체 함량의 대부분(75% 이상)을 차지하며, 쌀의 주요 구성 단백질은 오리제닌이다. 쌀을 구성하는 아미노산은 리신과 트레오닌 등의 함량이 부족한 불완전단백질로서 단백가는 78이다.

3) 기능성 쌀

흑광벼

우리나라의 주식은 쌀이지만 최근 식생활의 변화로 인하여 1인당 쌀 소비는 매년 감소하는 추세이다. 이에 정부에서도 쌀 소비를 증가시키기 위한 다양한 노력이 진행되고 있으며, 가공 적성을 개선한 다양한 특수미가 개발되고 있다. 최근 건강기능성에 대한 관심이 증가하면서 이용이 늘어나고 있는 쌀인 유색미는 과피에 주로 안토시아닌계 색소인 시아니딘-3-글루코시드를 지니고 있는데, 백미에 비하여 발아력, 저장성이 우수하고 색소 성분에 의하여 높은 항산화성을 지닌다. 색에 따라 흑미, 적미, 홍향미로 구분한다.

적진주벼

고추의 색소유전자를 벼에 도입하여 베타-카로틴의 함량을 증가시킨 황금쌀, 난소화성 다당류인 헤미셀룰로스 함량이 높아서 다이어트용이나 당뇨 환자용으로 이용이 가능한 고아미 2호, 3호 등이 최근에 기능성 쌀로 개발이 된 품종들이다. 당 함량이 일반 쌀보다 6.4배가 높아서 과자나 음료를 만드는 데 적합한 특성을 가진 단미는 항산화 효과와 콜레스테롤 저하 효과를 가진 감마-오리자놀의 종류와 함량이 일반 쌀보다 2배 이상 높다.

황금쌀

현미

4) 쌀의 도정

벼에서 왕겨를 제거하면 현미가 되는데 현미로부터 겨층과 배아를 모두 제거하는 도정과정을 거치면 백미가 된다. 전체 현미의 무게를 100이라고 했을 때, 도정 후 백미의 도정률은 92%가 되며 이는 10분도미라고 한다. 5분도미는 50%의 겨층을 제거한 것으로 도정률은 96%가 된다. 도정할수록 배아에 함유된 불포화지방산을 포함한 지질의 함량이 낮아지며 겨층의 섬유질이 제거되어 소화율이 더 증가한다. 배현미는 현미를 도정하면서 특수한 방법으로 배아를 남긴 쌀이다.

5분도미

쌀의 도정비율과 정백비율은 다음의 식으로 정의된다.

7분도미

$$도정비율(\%) = (\frac{A-B}{A}) \times 100$$

$$정백비율(\%) = (\frac{B}{A}) \times 100$$

A: 현미 중량, B: 백미 중량

5) 쌀의 조리

(1) 밥 짓기

① 불리기

밥을 짓기 위하여 쌀을 불릴 때 수분을 흡수하는 속도에는 겨층의 두께 및 조성, 온도 등이 영향을 준다. 현미에 비하여 백미는 수분을 흡수하는 속도가 빠르며, 쌀을 불리는 물의 온도가 높아질수록 물의 흡수속도와 흡수량은 증가한다. 가열 전에 쌀을 충분히 불려서 호화가 충분히 잘 일어날 수 있도록 한다.

표 4-2 침지에 따른 쌀의 흡수율(%)

온도 \ 시간	10분	20분	30분	60분	90분	120분
5℃	15.6	18.9	25.4	21.0	27.5	28.6
20℃	18.1	24.0	25.8	28.1	28.3	28.6
30℃	28.9	30.0	28.3	29.0	29.4	31.3

자료 : 이혜수 외. 조리과학, 2010.

② 가열

완성된 밥의 수분 함량은 쌀의 품종에 따라 차이가 있기는 하지만 대체로 60.5~66.5% 정도이며, 밥의 무게는 쌀 무게의 2.3배가 된다. 즉, 수분이 쌀 무게의 1.3배, 부피로는 1.2배가 더해진 것이라 할 수 있다. 쌀이 밥이 되는 동안 쌀의 전분은 호화되고, 쌀알의 팽창과 붕괴를 일으키게 된다. 쌀 전분의 호화는 60~65℃에서 시작하여 호화 종결온도는 78℃로 다른 곡류에 비해 높다. 잘 지어진 밥은 물이 전분에 최대한 흡수되어 호화를 충분히 시키면서 겉도는 물이 남지 않아야 한다. 그러므로 밥을 지을

표 4-3 쌀의 양에 따른 물의 양

쌀의 양(컵)	물의 양(배)
1~3	1.4
4~9	1.2
10~15	1.0
16 이상	0.8

자료 : 이혜수 외. 조리과학, 2010.

때 정확한 양의 물을 첨가하는 것이 중요하다. 이때 물의 양은 쌀의 품종이나 건조 상태, 저장기간, 쌀의 양 등에 의하여 영향을 받는데, 예를 들면 햅쌀의 경우는 묵은 쌀에 비하여 수분 함량이 높아서 가하는 물의 양을 줄여야 한다. 표 4-3과 같이 밥을 하는 쌀의 양이 많아지면 물의 양은 상대적으로 줄여야 한다.

③ 밥맛에 영향을 주는 요인

밥맛에는 쌀의 아밀로스 함량이 영향을 미친다. 대체로 아밀로스 함량이 높으면 밥의 찰기가 적고, 함량이 낮을수록 밥은 찰기가 커진다. 쌀의 품종도 밥맛에 영향을 준다. 인디카형 쌀은 찰기가 적고 자포니카형 쌀은 밥을 지었을 때 더 윤기가 흐르고 찰기가 강하다. 최근 추청벼, 동진벼, 일품벼 등도 밥맛이 좋다고 알려져 있다. 쌀의 유리 아미노산은 구수한 밥맛을 내는데, 묵은 쌀로 지은 밥에서는 쌀의 지방산이 분해되어 생긴 *n*-valeraldehyde와 같은 향기 성분이 분석되고 있다.

(2) 가공밥

최근 1인 가구와 맞벌이가정의 증가 또는 캠핑 인구 성장과 같은 사회적 변화와 함께 간편하게 조리하여 먹을 수 있는 즉석밥이 다양하게 개발되고 있다. 2015년 현재 즉석밥은 「식품공전」의 '즉석조리식품'에 해당하는데, 이는 "소비자가 단순 가열 등의 조리과정을 거쳐 바로 먹을 수 있는 가공된 밥"으로 정의한다. 최근 즉석밥은 단순한 흰쌀밥의 형태를 넘어 현미나 잡곡밥 또는 덮밥류나 국/탕반류 등으로 재료나 형태, 종류가 다양화되고 있다.

맨밥은 크게 흰밥, 잡곡밥과 (저단백밥이나 식후 혈당 조절에 도움을 줄 수 있다는 등의

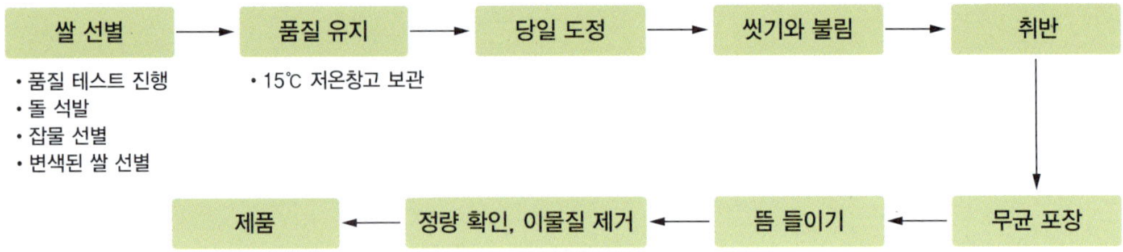

그림 4-2 **즉석밥의 제조공정**

자료 : 한국농수산식품유통공사, 2013 가공식품 세분시장 현황, CJ 햇반 공정 www.cjthekitchen.co.kr

그림 4-3 **다양한 즉석밥 및 복합밥의 예**

기능성을 강조한) 기능성밥 등으로 구분할 수 있으며, 기타 부재료가 추가된 복합밥으로는 비빔밥류, 덮밥류, 국/탕반류로 구분하고 있다. 즉석밥의 제조공정은 그림 4-2와 같다.

2002년 278억 원 규모였던 즉석밥 시장은 해가 갈수록 고속 성장을 하고 있는 추세이며 앞으로도 즉석밥의 이용은 늘어날 것으로 전망된다.

(3) 떡

고조선 때부터 이용되어 온 떡은 만드는 방법에 따라 찌는 떡, 빚는 떡, 치는 떡, 지지는 떡으로 나눈다. 떡을 만들기 위해서는 쌀을 충분히 불려서 가루로 내야 한다. 가루 낸 쌀의 수분 함량은 30% 내외인데, 쌀 전분이 충분히 호화될 수 있도록 적당량의 수분을 추가로 공급하여야 한다. 멥쌀가루를 이용한 떡은 주로 설기나 절편 등을 만들며 찹쌀가루를 이용하는 찰떡은 찰기가 더 강하고 점성이 뛰어나다.

곡물가루를 시루에서 증기로 쪄내는 시루떡은 켜가 없이 한 덩어리로 쪄 내는 것을 설기떡이라고 하며, 멥쌀이나 찹쌀가루를 팥, 녹두 등의 고물과 켜켜이 쌓아 찌는 것

팥시루떡(찌는 떡)

인절미(치는 떡)

화전(지지는 떡)

송편(빚는 떡)

그림 4-4 다양한 떡의 종류

을 켜떡이라고 한다. 쫀득한 질감을 가지는 인절미는 불린 찹쌀을 시루에 찐 후 떡메나 절구로 오래 쳐서 만드는 떡이다. 이외에도 익반죽한 곡물가루를 기름에 지져서 만드는 지지는 떡, 익반죽한 찹쌀가루를 빚어서 끓는 물에 삶아내는 경단 등의 빚는 떡이 있다.

4. 보리

보리barley는 세계에서 재배 역사가 가장 오래된 작물 중의 하나로 벼과 보리속에 속하는 식물이다. 보리의 종류로는 까락이 길고 껍질이 얇으며 종실에 밀착되어 잘 벗겨지지 않는 겉보리와 성숙 후에 속껍질과 겉껍질이 잘 떨어지는 쌀보리가 있다.

겉보리

쌀보리

또한 맥주를 만드는 데 사용되는 두줄보리와 식용으로 사용되는 이삭의 보리 낱알이 6조로 착생되어 있는 여섯줄보리로 나누기도 한다.

보리의 주성분은 탄수화물로 약 75% 정도 함유되어 있는데, 약 60%가 전분이며 식이섬유를 다량 함유하여 쌀보다 높은 함량을 보인다. 보리에 함유된 수용성 식이섬유인 베타-글루칸은 세포벽의 구성 성분으로 겉보리에 약 2~8% 함유하고 있는데, 체내에서 혈액 내 콜레스테롤 저하 효과가 있는 것으로 알려져 있다. 조단백의 함량은 9% 내외이며 호르데닌hordenin과 호르데인hordein이 주요 단백질이다. 필수아미노산 중 리신과 트레오닌의 함량이 낮다. 보리는 비타민 B군의 좋은 공급원으로 특히 비타민 B_1, B_2의 함량이 높으며, 보리의 비타민은 주로 배유에 많이 들어 있어서 도정 후에도 감소가 적은 편이다.

또한 보리는 소화율과 조리성을 향상시키기 위하여 보리에 수분과 열을 가하여 납작하게 누른 압맥을 만들기도 하며, 보리 원맥을 1차로 도정한 후 낟알을 세로로 쪼개서 가공하여 식이섬유의 함량이 낮아지도록 한 할맥으로 이용하기도 한다.

보리는 밥이나 보리차, 엿기름 등으로 다양하게 이용하며, 맥주용이나 사료용 등으로도 사용된다. 보리가 발아하면 소화효소들이 생성되는데 이때 생성되는 아밀라제를 이용하기 위하여 엿기름을 만들어 식혜, 조청 등을 제조한다.

5. 귀리

귀리

오트밀

귀리oat는 중앙아시아 아르메니아 지역을 원산지로 하여 중국, 북아메리카, 유럽 등에서 주로 생산되는 곡류이다. 우리나라에서는 강원도 등 산간지대에서 일부 재배되었다. 맥류 중에서는 내한성이 가장 약한 것으로 알려져 있으며, 껍질의 유무에 따라 쌀귀리와 겉귀리로 나뉜다. 쌀귀리는 단백질, 필수아미노산 및 베타-글루칸 함량이 겉귀리보다 우수하다. 귀리에 함유된 베타-글루칸은 혈중 콜레스테롤의 함량을 낮추는 효과가 우수한 것으로 보고되었다.

귀리의 주성분은 전분이며, 쌀에 비해 단백질과 지질의 함량이 풍부하다. 단백질은 리신 등 필수아미노산의 함량이 높으며, 귀리를 이용한 오트밀oatmeal은 아침식사 대용으로 많이 이용되고 있다. 이외에도 귀리는 제과나 제빵의 원료로 이용하는데, 주로 아시아보다 서양에서 많이 소비되고 있다. 우리나라에서는 거친 식감 때문에 찾는 사람들이 많지 않았으나, 최근 기능성 곡물로서 국내 소비와 생산량이 증가하고 있다.

러시아가 최대 주산지이며, 전 세계 생산량 중 5%만이 식용으로 쓰이고 나머지 95%는 사료로 이용된다. 귀리는 주로 밥에 넣어 먹는 혼반용, 미숫가루, 귀리빵, 오트밀, 시리얼과 과자, 말 사료 등으로 이용된다. 서양에서 주로 먹는 오트밀은 귀리를 볶은 다음 거칠게 부수거나 납작하게 누른 것을 죽처럼 조리한 음식을 말한다.

6. 호밀

호밀빵

호밀rye은 벼목 화본과 식물로 밀과 함께 오랜 재배 역사를 가진 작물이다. 원산지는 남서아시아이며 중앙아시아, 러시아, 북부 유럽에서 많이 재배된다. 맥류 중 내한성이 강하고 척박한 토양 조건에서도 잘 자랄 수 있다.

주성분은 탄수화물이며, 비타민 B군이 풍부하고 무기질로 칼륨과 인이 다량 함유되어 있다. 단백질 함량은 10% 정도이며 아미노산 조성은 리신과 트립토판의 함량이 낮고 히스티딘과 시스틴의 함량이 높은 편이다.

호밀은 글루텐을 형성하지 않아서 빵을 부풀리기 위해서 유산균을 이용하여 반죽을 산성화시키는 사우어 도우를 이용한 호밀빵을 만든다. 이외에도 시리얼, 냉면 등의 재료나 위스키 등의 양조 원료로 사용된다.

7. 옥수수

옥수수

옥수수*Zea mays* L.는 남미 안데스산맥 일대가 원산지이고, 벼, 밀과 함께 생산량이 가장 많은 세계 3대 작물의 하나이다. 국내에서는 주로 일반옥수수와 식용옥수수가 재배되고 있는데 종자의 모양과 특성에 따라 다양한 종류가 있다.

- 마치종dent corn : 말의 이빨을 닮았다고 마치종으로 부른다. 세계적으로 가장 많이 재배되고 있는 품종으로 껍질이 두꺼워서 주로 사료나 전분 제조, 기름 등의 원료로 사용된다.
- 경립종flint corn : 껍질이 얇은 편으로 식용으로 오래 사용되어 왔으며, 전분 제조 등의 공업용이나 사료용으로도 사용된다.
- 감미종sweet corn : 단맛을 가지고 있어서 감미종이며, 당분의 함량은 높고 섬유질의 함량은 낮아서 주로 생식용이나 통조림용으로 이용된다.
- 나종waxy corn : 찰옥수수라고도 한다. 아밀로펙틴의 함량이 높아서 우리나라에서 주로 간식용으로 많이 이용된다.
- 폭렬종pop corn : 옥수수 알갱이의 크기가 작고 두꺼운 껍질을 가지고 있다. 가열

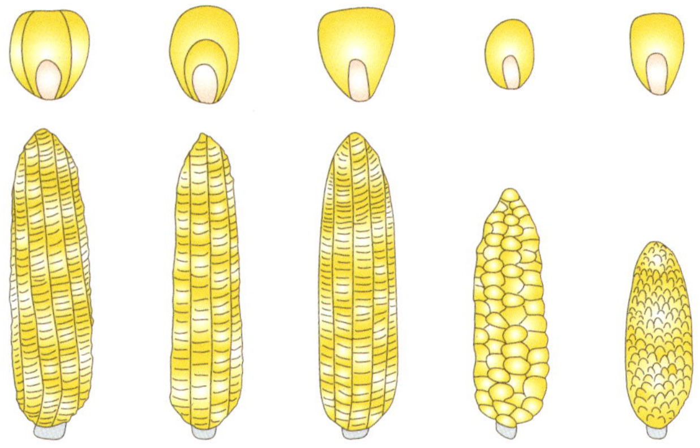

그림 4-5 **옥수수의 품종별 형태**

시 내부의 압력이 높아지면서 껍질이 터져서 팝콘으로 이용한다.

옥수수의 주단백질은 제인zein으로 필수아미노산 중 트립토판과 리신의 함량이 부족하다. 비타민은 니아신niacin이 부족해서 옥수수만을 주식으로 사용하는 경우 결핍증인 펠라그라pellagra에 걸릴 수 있다.

옥수수는 물엿이나 옥수수기름을 만드는 데 이용되기도 하며 미숙 옥수수는 간식으로도 사용되고 있다. 옥수수 수염은 이뇨작용이 있다고 알려져 있으며, 항산화 효과와 항암 작용이 있는 메이신도 함유되어 있다. 음료 제품으로 옥수수 수염차도 제조, 판매되고 있다.

펠라그라

니아신이 결핍되는 경우 발생하는 질병으로 피부에 발진이나 설사, 정신장애 등을 초래할 수 있으며, 심각한 경우는 사망하기도 한다. 주로 옥수수를 주식으로 하는 지역에서 발생하는 경우가 많다.

밀가루

CHAPTER 5

CHAPTER 5 밀가루

밀은 재배 역사가 가장 오래된 농작물로 현재 전 세계에서 재배 면적이 가장 넓다. 밀은 대부분 밀가루의 형태로 가공되어 제빵·제과·제면용으로 사용되고 있다.

1. 밀의 분류

일반밀가루

듀럼밀가루

밀은 화본과의 한해살이 식물로 전 세계적으로 3만여 종의 다양한 품종이 재배되고 있다. 종피의 색에 따라서 백황색을 띠는 백소맥white wheat과 황색, 적황색, 황적색, 황금색, 적갈색 등을 나타내는 적소맥brown whet으로 나뉜다. 파종 시기에 따라 겨울밀과 봄밀로 나누는데 겨울밀의 생산량이 가장 많다. 밀의 글루텐 함량에 따른 분류로는 단백질 함량이 높은 경질밀hard wheat과 단백질 함량이 낮고 전분의 함량이 많은 연질밀soft wheat로도 나누는데, 경질밀은 주로 강력분을 생산하며 제빵용으로 많이 이용된다. 박력분은 대체로 연질밀을 이용하여 생산하며 파이류나 케이크를 만드는 데 사용한다. 이탈리아를 원산지로 하는 초경질밀인 듀럼밀durum wheat은 파스타나 마카로니를 만드는 데 이용된다.

2. 밀의 제분과 숙성

밀은 외피가 단단해서 외피를 제거하려고 하면 배유가 먼저 부스러지기 때문에 밀가루로 제분하여 사용한다. 세척한 밀은 일정 시간 물이나 용액에 담가 부드러워지도록 가수처리를 거친 후 롤러 밀roller mill을 이용하여 제분한다. 제분 과정은 밀기울과 배아를 제거하는 조쇄공정break system과 배유를 원하는 입자 크기의 가루로 만드는 분쇄공정reduction system의 두 단계로 구성된다. 제분과정의 부산물로 밀기울과 배아, 쇼츠가 생산된다.

제분된 밀가루는 그 중량을 원료 밀의 중량에 대한 비로 계산하여 다음과 같이 제분율을 정의한다.

$$\text{제분율(\%)} = \frac{\text{제분된 밀가루 중량 (g)}}{\text{원료밀의 중량 (g)}} \times 100$$

일반적으로 시중에서 유통되는 밀가루의 제분율은 72%인데 이를 스트레이트straight-grade 밀가루라고 한다.

밀은 밀가루로 가공한 후 60~90일 정도 방치하여 성질을 안정시키는데 이를 밀가루의 숙성이라고 한다.

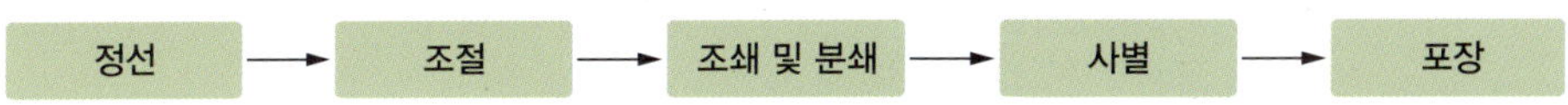

그림 5-1 **밀가루의 제조공정**

기능성 밀

- 앉은뱅이밀 : 단백질 함량이 타 밀가루에 비해 30%가량 낮아 소화가 잘되고 글루텐 관련 질환 저감효과가 있음
- 금강밀 : 단백질 함량이 높고 제빵 시 안정도와 탄력도가 좋음
- 고소밀 : 직경이 크고 균열 정도가 높아 제과 적성이 우수함
- 중모 : 아밀로스 함량이 지금까지 육성된 품종 중 가장 낮아서 최고 점도가 높고 삶은 국수가 부드러움

3. 밀가루의 구성 성분

1) 탄수화물

밀가루의 전분 함량은 밀가루 건조 중량의 75~80%에 이르며, 이외에도 셀룰로스, 헤미셀룰로스, 펜토산, 당류 등이 비전분질 다당류로 소량 포함되어 있다.

2) 단백질

밀가루의 단백질은 저장단백질인 프롤라민과 글루테린으로 존재하는데, 이들 단백질은 과피나 배아에는 거의 존재하지 않으며 대부분 배유에 분포한다. 프롤라민은 글리아딘gliadins이라고도 하며, 글루테린은 글루테닌glutenin이라고 한다. 이 두 단백질은 밀가루가 반죽을 형성하면서 글루텐 단백질로 결합되어 반죽에 점탄성을 부여하며, 필수아미노산인 라이신, 메티오닌, 트립토판이 부족한 불완전단백질이다.

3) 지질

밀가루에는 지질이 1.6% 정도 존재한다. 밀에 존재하는 지질의 대부분은 비극성 지질(70%)이며, 기타 당지질(20%)과 인지질(10%)로 구성되어 있다.

4) 비타민과 무기질

밀의 비타민과 무기질은 밀가루의 제분과정 중 제거되어 시판되는 일반밀가루에는 대부분의 비타민과 무기질이 손실된다. 최근에는 손실된 비타민이나 무기질을 첨가한 강화밀가루도 시판되고 있다.

4. 글루텐 함량에 따른 밀가루의 종류와 이용

밀은 품종과 재배 조건 등에 따라 단백질의 함량이 다르며, 밀가루는 글루텐 단백질

표 5-1 밀가루의 종류와 용도

밀의 종류	종류	단백질 함량	용도
보통밀	강력분	11% 이상	제빵용
	중력분	10%	다목적용, 가정용
	박력분	8~9%	제과용(파이, 쿠키 등)
듀럼밀	세몰리나	13% 이상	파스타, 마카로니 등

의 함량에 따라 강력분, 중력분, 박력분으로 분류한다. 글루텐의 함량이 높은 강력분은 주로 제빵용으로 사용하며, 글루텐의 함량이 낮은 박력분은 케이크나 파이와 같은 제과용으로 사용한다. 중력분은 다목적 밀가루라고도 하며 가정에서 다양한 용도로 사용한다. 글루텐 함량이 매우 높은 듀럼밀로 만든 세몰리나는 파스타나 마카로니 등을 만들 때 사용한다.

5. 밀가루 반죽

1) 글루텐 형성

밀가루는 물을 가하여 반죽을 하면 긴 막대 형태의 글루테닌과 구형의 글리아딘 단백질이 입체적인 망상 구조를 형성하면서 글루텐 복합체를 형성한다. 반죽에 점성을 제공하는 글리아딘과 탄성을 나타내는 글루테닌이 글루텐을 형성하면 반죽은 독특한 점탄성을 가지게 된다.

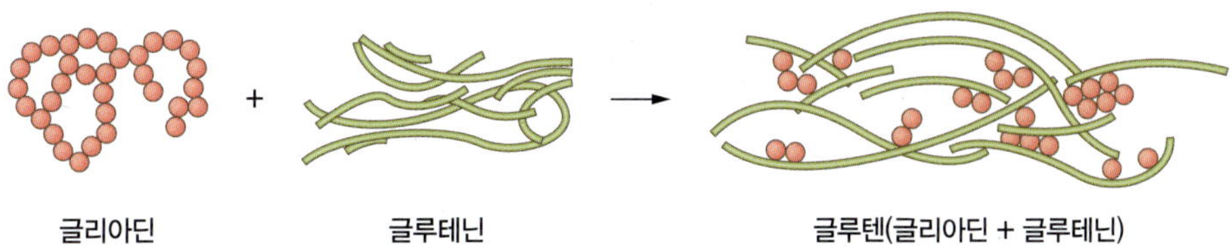

그림 5-2 글루텐의 형성

수분 함량에 따른 밀가루 반죽의 구분

- 도우dough : 흘러내리지 않는 정도의 단단한 상태. 예) 식빵 반죽
- 배터batter : 용기를 기울이면 흘러내리는 정도의 점성. 예) 팬케이크 반죽

2) 글루텐 형성에 영향을 주는 요인

① 밀가루의 종류 : 강력분은 박력분보다 단백질의 함량이 높으며, 반죽을 형성했을 때 더 단단한 반죽을 형성한다.

② 반죽을 치대는 정도 : 밀가루에 물을 가하여 반죽을 치댈수록 글루텐이 형성되면서 반죽은 한 덩어리로 뭉쳐지고 매끈한 표면을 형성한다. 그러나 기계로 반죽을 하는 경우에 한도를 넘어 지나치게 반죽을 하면 형성된 글루텐 섬유가 다시 끊어져서 반죽이 물러질 수 있다.

③ 온도 : 온도가 높아지면 글루텐의 생성이 빨라지고, 낮은 온도에서는 글루텐 생성이 억제 된다.

④ 첨가물의 영향

- 달걀 : 난황의 유화성은 반죽에 포함된 지방을 고루 분산시키는 작용을 하며, 가열에 의해 달걀의 단백질이 응고되면 글루텐의 형성을 돕는다.
- 설탕 : 설탕이 반죽에 다량 첨가되면 수분을 강하게 흡착하여 단백질의 수화 정도를 감소시켜서 글루텐 형성이 억제되므로 가열 시 표면이 갈라진다. 설탕이 너무 적은 경우에는 제품이 질겨진다.
- 소금 : 소금은 밀가루 반죽 내에서 글리아딘의 점성을 증가시키고 글루텐의 구조를 치밀하게 하여 반죽을 질기게 한다.
- 지방 : 밀가루 반죽에 첨가된 지방은 글루텐 단백질의 표면을 둘러싸서 글루텐의 성장을 방해하여 반죽을 부드럽게 하는 연화작용을 나타낸다. 파이 반죽을 하는 경우처럼 다량의 유지를 사용하는 경우는 글루텐 사이에 막을 형성하여 제품에 켜가 생긴다.

6. 팽창제

팽창제는 밀가루 반죽을 잘 부풀게 해서 밀가루 제품 특유의 텍스처를 형성하는 데 중요한 작용을 한다. 팽창제는 생물학적 팽창제, 화학적 팽창제로 구분한다.

1) 생물학적 팽창제 - 효모

제빵 제품을 부풀릴 때 중요하게 사용되는 효모*Saccharomyces cerevisiae*는 Baker's yeast라고도 부른다. 효모는 밀가루 반죽 내에 존재하는 글루코스, 프럭토스, 수크로스 등의 기질을 발효시켜서 이산화탄소와 에탄올을 생성한다.

$$C_6H_{12}O_6 \longrightarrow 2\ C_2H_5OH\ (\text{에탄올}) + 2\ CO_2\ (\text{이산화탄소})$$

효모의 발효에 적당한 온도는 28~35℃이며, 최적 pH는 4.5~5.5이다. 설탕이나 소금의 첨가량이 필요량보다 많을 경우에는 오히려 효모의 탈수를 초래해서 발효가 억제되므로 주의해야 한다. 발효과정을 통하여 생성된 에탄올은 빵의 풍미를 증진시키며, 이산화탄소 가스는 빵의 부피를 증가시켜서 제품의 독특한 텍스처를 형성하게 한다.

제빵용 효모는 시중에 압착효모compressed yeast, 활성건조효모active dry yeast, 즉석활성건조효모instant active dry yeast 등 다양한 형태로 판매되고 있다. 압착효모는 제빵용으로 가장 많이 사용되는 형태인데 수분 함량이 높아서 냉장 보관이 필요하고 1개월간 유통이 가능하다. 반죽에 첨가하기 전에 미리 따뜻한 물에 분산시켜서 사용해야 한다. 활성건조효모는 수분 함량을 8% 이하로 낮추어서 가루 형태로 유통하는 효모로 상온에서 6개월 정도 보관이 가능하다. 사용 전에는 압착효모보다 더 높은 온도

사우어 도우(sour dough)

빵 발효 시 효모에 의해 이산화탄소가 생성되며 젖산균에 의한 독특한 신맛이 난다. 사우어 도우의 일부는 다음 번 반죽의 스타터로 사용한다.

(40~46℃)에서 재수화한 후 사용한다. 즉석활성건조효모는 반죽 전에 재수화가 필요 없이 가루재료들과 함께 혼합하여 사용할 수 있다. 장기 보관이 가능하다는 장점이 있으며 2차 발효가 필요 없고 빠르게 발효된다.

2) 화학적 팽창제

(1) 베이킹소다(중탄산나트륨, 중조, 식소다)

중탄산나트륨을 첨가한 반죽을 가열하면 이산화탄소와 함께 탄산나트륨이 생성되는데, 이는 알칼리성을 띠고 있어서 독특한 냄새를 내고 빵의 색을 노랗게 황변시켜서 빵의 품질을 저하시킨다.

$$2NaHCO_3 \longrightarrow CO_2 + Na_2CO_3 + H_2O$$

이러한 단점을 보완하기 위해서 중조를 사용하는 경우에는 반죽에 중화를 시킬 수 있는 유기산을 함유한 레몬즙이나 요구르트, 버터밀크 등의 재료를 첨가하여 사용한다. 중조는 옛날 찐빵을 만드는 데 사용된다.

(2) 베이킹파우더

알칼리성인 중탄산나트륨의 단점을 보완하기 위하여 산염과 희석제로 전분가루를 섞어서 사용하는 것이 베이킹파우더baking powder이다. 베이킹파우더는 완전히 반응을 하는 경우 적어도 12%의 이산화탄소를 발생시켜야 하므로 이를 고려하여 중탄산나트륨과 산염의 양을 결정한다. 이때 사용되는 산염의 종류에 따라 베이킹파우더의 이산화탄소 발생속도가 달라진다. 케이크, 비스킷, 머핀, 쿠키 등 다양한 제과제품을 만드는 데 이용된다.

$$\underset{\text{산염}}{HX} + \underset{\text{중탄산나트륨}}{NaHCO_3} \longrightarrow CO_2 + H_2O + NaX$$

① 단일반응 베이킹파우더

산염으로 주석산염이나 인산염을 사용하는 경우에 베이킹파우더는 반죽 초기에 빠른 속도로 이산화탄소를 생성한다. 이산화탄소의 발생이 너무 빠르면 제품을 굽는 동안에 기체의 손실이 많아져서 제품은 부피가 작아지거나 충분히 부풀지 못하게 된다.

② 이중반응 베이킹파우더

반죽 초기에 빠르게 이산화탄소를 생성하는 산염과 느리게 반응하여 굽는 동안에도 이산화탄소를 계속해서 생성할 수 있는 산염을 모두 첨가하여 제조한 베이킹파우더를 이중반응 베이킹파우더라고 한다. 이는 현재 시중에서 팔리고 있는 대표적인 제품으로 반죽 초기와 굽는 과정 중에 계속하여 이산화탄소가 생성되어 제품이 충분한 부피와 질감을 가질 수 있도록 한다. 대체로 인산염monocalcium phosphate과 황산염sodium aluminum sulfate의 복합적인 형태를 식소다와 함께 섞어서 사용한다.

반죽 초기 : 3 MCP + 8 중탄산나트륨 —물→ 인산칼슘 + 4 인산수소나트륨 + 8 물 + 8 이산화탄소

베이킹 : SAS + 6 물 —가열→ 황산나트륨 + 2 수산화알루미늄 + 3 황산

3 황산 + 6 중탄산나트륨 —가열→ 3 황산나트륨 + 2 물 + 6 이산화탄소

그림 5-3 이중반응 베이킹파우더의 작용

3) 공기와 수증기

(1) 공기

밀가루를 계량하기 전에 체에 치거나 소금, 베이킹파우더 등 가루제품을 혼합하고 체에 치는 경우 빵 반죽에 공기가 함유될 수 있다. 또한 버터와 설탕을 섞어 크리밍creaming하는 동안에도 공기는 반죽에 혼입되어 반죽이 구워진 후에 베이킹 제품의 부피를 팽창시킬 수 있다. 난황이나 난백을 거품내어 반죽에 첨가하는 경우에도 다량의 공기가 혼입되는데 이는 스펀지 케이크sponge cake, 엔젤푸드 케이크angel food cake 등을 부풀리는 데 작용할 수 있다.

(2) 수증기

밀가루 반죽에 액체 성분으로 첨가되는 우유나 달걀과 같은 재료들은 수분을 함유하고 있는데, 이는 반죽을 구울 때 수증기로 바뀌어서 반죽을 부풀리는 역할을 한다. 수증기는 주로 빠르게 구워야 하는 크래커cracker나 파이 껍질, 플랫 브레드flat bread 등에서 팽창 기체로 작용한다.

7. 밀가루의 조리

밀가루를 이용하는 조리에는 제과, 제빵, 제면 등이 있다. 제빵은 강력분을 사용하며 생물학적 팽창제인 효모의 발효를 이용하여 빵을 부풀리는 것으로 식빵, 하드롤, 베이글 등이 있다. 제과는 주로 박력분을 이용하여 발효과정 없이 만드는 것으로 케이크나 쿠키, 파이, 페이스트리 등이 있다. 면류의 반죽에는 중력분을 사용하는 경우가 많으며 팽창제를 사용하지 않고 제품을 만든다.

1) 발효빵

효모를 이용한 발효로 빵을 부풀리는 것을 발효빵이라고 하며 식빵류, 단팥빵, 베이글, 바게트 등이 있다.

발효빵을 반죽하는 방법은 스트레이트법straight dough method(직접반죽법), 스펀지 도우(sponge-dough method(중종법) 등이 있다. 모든 재료를 한꺼번에 혼합하여 반죽, 발효시

식빵 베이글 바게트

그림 5-4 **발효빵류**

키는 방법을 스트레이트법이라 하며 이는 주로 소규모로 빵을 만드는 경우에 사용한다.

스펀지 도우법은 스트레이트법에 비하여 발효 시간이 더 길어서 밀가루의 수화와 가스 보유력이 더 좋아져서 체적이 더 크고 촉감이 부드러운 빵을 만들 수 있다. 주로 대규모 제빵회사에서 많이 사용하는 방법이다.

2) 무발효빵

무발효빵은 효모를 이용한 발효과정이 없는 제과류에 속하는 빵으로 케이크류가 포함된다. 크루아상이나 페이스트리처럼 바삭한 질감이 중요한 제품의 경우에는 반죽에 고체 지방을 다량 첨가하여 지방의 쇼트닝 작용에 의하여 글루텐의 망상 구조가 크게 성장하는 것을 방해한다. 파이나 페이스트리를 반죽할 때는 반드시 냉수를 사용하는데 반죽의 온도가 높아지면 글루텐이 더 잘 형성되고 버터가 녹아서 질감이 축축한 제품이 되기 쉽기 때문이다. 페이스트리 제품을 만들 때는 유지가 굳어지고 반죽의 끈적거림을 방지하도록 냉장고에 30분 정도 휴지시킨다.

케이크는 버터케이크나 파운드케이크처럼 고체지방을 첨가하여 반죽한 쇼튼드 케이크shortened cake와 엔젤푸드케이크나 스펀지케이크처럼 지방을 넣지 않은 케이크unshortened cake, 중간 형태인 시폰케이크chiffon cake로 나눌 수 있다. 스펀지케이크류는 난백의 기포성을 이용하여 만드는 제품인데 글루텐의 함량이 낮은 박력분을 사용하여 작고 균일한 다공질의 조직을 형성하게 한다.

쿠키나 와플 등은 화학적 팽창제인 베이킹파우더를 이용하여 반죽을 부풀린다.

케이크

크로와상

와플

그림 5-5 무발효빵류

3) 면류

밀가루 반죽을 밀어서 가늘게 자른 것을 면류라 하며 반죽을 얇게 밀어서 사용하는 만두피는 기타 면류에 포함된다. 「식품공전」에 의하면 면류는 "곡분 또는 전분 등을 주원료로 하여 성형, 열 처리, 건조 등을 한 것으로 국수, 냉면, 당면, 유탕면류, 파스타류, 기타 면류"를 말한다. 2014년 출하액을 기준으로 한 국내 면류 사용은 유탕면류가 78.7%로 대부분을 차지하며, 국수 14.5%, 냉면 4.1% 순으로 많이 사용되고 있다. 최근 연구 결과에 의하면 36% 정도의 사람들이 라면을 제외한 일반 면류를 주 1~2회 섭취하여 면류가 우리 식생활에 차지하는 비중이 상당히 높은 것으로 나타났다.

또한 최근 파스타의 이용이 증가하고 있는데 이는 단백질의 함량이 가장 높은 세몰리나를 이용하며 만들며 그 종류와 형태가 다양하다.

그림 5-6 다양한 파스타면의 종류

4) 루

루roux는 소스나 수프를 만들 때 버터와 밀가루를 동량으로 볶아서 사용하는데 볶는 정도에 따라 색이 달라지며 화이트, 블론드, 브라운 루로 나뉜다. 화이트 루는 화이트 소스나 크림수프를 만들 때 사용하며, 저온에서 갈색이 나지 않도록 볶은 후 우유나 육수를 첨가한다. 브라운 루는 갈색이 날 때까지 버터와 밀가루를 볶은 것으로 전분이 고온에서 분해되는 호정화가 일어나서 화이트 루에 비해서 점도가 낮다. 주로 브라운 소스를 만드는 데 기본이 된다.

루를 만들 때는 글루텐의 함량이 적은 박력분을 사용하는 것이 좋다.

서류 및 두류

CHAPTER 6

CHAPTER 6 서류 및 두류

1. 서류

서류는 감자, 고구마, 토란, 마, 야콘, 돼지감자, 카사바 등과 같이 땅속 줄기 또는 뿌리 일부가 비대해져 전분과 다른 다당류를 저장하는 덩이를 말한다. 서류의 주성분은 대부분 전분 형태로 존재하는 탄수화물이지만, 수분 함량이 70~80% 정도로 높아 곡류에 비해 열량은 적으며 쉽게 발아하고 저장성이 낮다.

1) 감자

감자는 남미 페루가 원산지이며 안데스산맥에 거주했던 잉카인들의 식량이었다. 이후 스페인 사람들에 의해 유럽에 소개되었으며, 중국을 통해 1800년대 초반에 우리나라로 전래되었다. 감자는 덩이줄기를 식용하며 두 개의 껍질층으로 이루어져 있다. 바깥쪽인 주피에는 색소가 함유되어 있고, 안쪽의 후피에는 전분이 들어 있다.

(1) 감자의 성분

감자는 일반적으로 가식부가 진한 노란색을 띨수록 단백질이 많고 전분이 적게 함

표 6-1 서류의 구성 성분

(가식부 100g당)

	열량 (kcal)	수분 (g)	단백질 (g)	지질 (g)	탄수화물 (g)	총당류 (g)	총식이섬유 (g)	무기질				비타민					
								칼륨 (mg)	칼슘 (mg)	인 (mg)	철 (mg)	레티놀 (μg)	B_1 (mg)	B_2 (mg)	니아신 (mg)	엽산 (μg)	C (μg)
감자 (수미, 생것)	70	81.1	1.9	0.03	16.1	0	1.7	335	6	62	0.4	0	0.03	0.04	0.45	10	4.47
고구마 (생것)	147	62.2	1.1	0.15	35.5	9.8	2.4	375	18	52	0.5	39	0.08	0.03	0.67	66	10.81
돼지감자 (생것)	35	81.4	2.2	0.09	14.9	6.4	1.8	561	17	100	0.5	0	0.04	0.09	0.47	39	1.34
마 (단마, 생것)	47	83.1	1.8	0.12	14.1	1.0	2.4	417	9	52	0.4	0	0.12	0.05	0.08	5	3.84
마 (장마, 생것)	45	87.8	1.6	0.28	9.6	2.2	1.8	374	15	44	0.2	0	0.05	0.03	0.44	5	1.42
토란 (생것)	76	79.5	2.4	0.17	16.75	0	2.9	368	19	56	0.81	1	0.08	0.02	0.63	37	1.21

출처 : 농촌진흥청 국립농업과학원. 국가표준식품성분표 제10개정판, 2021; 제9개정판, 2016.

유되어 있다. 감자는 수분이 80% 정도이며, 15~20% 정도 함유되어 있는 탄수화물은 대부분 전분 형태로 존재한다. 감자는 단백질이 1% 정도로 곡류에 비해 적으며 메티오닌이 부족하나 이외의 필수아미노산 조성이 우수하고, 주단백질은 글로불린에 속하는 튜베린이다. 감자에는 약 18 mg%의 비타민 C가 함유되어 있으며 특히 껍질에 많고 전분으로 둘러싸여 있어 가열 조리에도 쉽게 파괴되지 않는다. 감자는 칼륨, 인이 많고 칼슘은 적으며 식이섬유가 풍부하다.

감자는 솔라닌이라는 배당체가 함유되어 있어 생으로 먹으면 아린맛이 난다. 햇볕을 받아 녹색으로 변하거나 발아하면 감자 100g당 솔라닌 함량이 2~13mg에서 80~100mg으로 증가하여 복통, 위장장애, 현기증 등의 중독 증상을 보인다. 솔라닌은 가열조리에 의해 파괴되지 않으므로 녹변 부위나 싹을 제거한 후에 조리해야 하며, 보관 시 햇빛을 차단해야 한다. 한편 부패한 감자에는 셉신이라는 유독물질이 있어 중독을 일으킬 수 있다.

(2) 감자의 종류

감자는 가열 후 텍스처에 따라 점질감자와 분질감자로 나뉜다. 점질감자는 가열하면 촉촉하고 끈기가 있으며 부서지지 않아 볶음, 조림, 튀김, 샐러드에 적합하다. 분질감자는 가열하면 불투명하고 윤기가 없으며 잘 부서지고 파삭파삭하여 구운 감자baked potato, 매시드포테이토mashed potato 등에 적합하다. 소금과 물을 1:11(v/v)로 혼합한 소금물에 넣으면 점질감자는 물 위에 뜨고 분질감자는 가라앉는데 그림 6-1, 이는 점질감자의 비중(1.07~1.08)이 분질감자의 비중(1.12~.15)보다 작기 때문이다.

(a) 소금물에 띄운 후 (b) 익힌 후

그림 6-1 **점질감자와 분질감자**

(3) 감자의 갈변

감자는 껍질을 벗기거나 썰어서 공기 중에 방치하면 갈색으로 변하는데 이는 티로시나제에 의해 티로신이 산화되어 갈색의 멜라닌을 생성하기 때문이다. 티로시나제는 공

생으로 먹는 컬러감자

감자 속뿐 아니라 껍질까지 보라색, 붉은 홍색 등을 띠는 컬러감자에는 흰색의 일반 감자에는 없는 안토시아닌 함량이 풍부하여 성인병 예방에 좋은 것으로 알려져 있다. 컬러감자는 일반 감자에 비해 아린 맛이 적고 씹는 맛이 좋아 껍질과 함께 생으로 먹거나 샐러드로 이용하면 좋다.

기 중의 산소에 의해 활성화되므로 감자의 상처 난 부위에서도 갈변현상이 일어난다. 감자를 자르거나 껍질을 벗긴 후 물에 담그면 티로시나제와 티로신이 물에 용출되므로 감자의 갈변을 막을 수 있다. 또한 산소와의 접촉을 피하거나 레몬즙과 같은 산 또는 아스코르브산의 첨가, 아황산 훈증 등에 의해 갈변을 억제할 수 있다. 티로신 함량이 높은 감자는 익힌 후 공기 중에 방치하면 서서히 갈변이 일어난다.

(4) 감자의 조리 및 이용

감자를 주재료로 한 음식에는 감자볶음, 매시드포테이토, 구운 감자, 감자칩, 프렌치

프렌치프라이의 종류

- 슈스트링shoestring : 가늘게 채 썰어 튀긴 것
- 크링클컷crinkle cuts : 물결 모양의 칼로 썰어서 모양 내어 튀긴 것
- 웨지wedge : 통감자를 껍질째 반달 모양으로 잘라서 튀긴 것
- 컬리curly : 회오리 모양으로 잘라 튀긴 것
- 와플waffle : 와플 모양으로 잘라 튀긴 것
- 테이터 탓츠tater tots : 조그만 큐브 형태로 만들어 튀긴 것

슈스트링

크링클컷

웨지

컬리

와플

테이터 탓츠

프라이, 해시브라운 등이 있다. 감자볶음은 점질감자, 매시드포테이토나 프렌치프라이는 분질감자가 적합하다. 감자볶음은 감자의 자른 단면에 전분이 남아 있으면 끈적거리고 서로 달라붙게 되므로 물에 담가 전분을 잘 씻어 낸 후에 볶아야 한다. 매시드포테이토는 뜨거울 때 으깨면 세포가 쉽게 분리되어 부드럽고 점성이 없어서 좋다. 감자가 식으면 끈기가 생겨 으깨기가 어려워지는 것은 으깰 때 세포막이 파괴되어 호화전분이 밖으로 빠져나와 점성이 생기기 때문이다. 프렌치프라이는 포테이토칩과 같이 유리당 함량이 적은 감자를 사용하는 것이 좋다. 해시브라운은 삶은 감자를 강판으로 갈아 달걀, 우유, 소금으로 간을 하고 둥글 납작하게 하여 버터를 두른 팬에 구워 낸 것이다. 양파, 콘비프corned beef 등을 넣기도 한다. 감자는 전분, 물엿, 주정, 글루코스 등의 제조 원료로도 사용된다.

2) 고구마

고구마는 비대해진 땅속 덩이뿌리를 식용하며 우리나라에는 18세기 후반에 보급되었다. 고구마의 껍질은 적자색이고 육질은 황색이나 황백색을 띠는 것이 많다. 육질이 주황색을 띠는 호박고구마, 노란색인 황금고구마, 자색인 자색고구마도 있다.

(1) 고구마의 성분

고구마는 수분 함량이 60~70%로 감자보다 적고 탄수화물 함량이 높아 열량이 감자의 1.5배 정도로 많다. 탄수화물은 대부분 전분이지만 글루코스, 프럭토스, 수크로스 등의 당분이 20% 정도 함유되어 있어 단맛이 강하다. 찌거나 구운 후에 약간 단단하고 물기가 없어 밤을 삶아 놓은 것과 같은 분질고구마는 전분 함량이 높고, 말랑말랑하고 촉촉한 점질고구마는 당분이 많다. 고구마에는 단백질이 약 1~2% 함유되어 있으며 주단백질은 글로불린에 속하는 이포마인이다. 고구마에는 비타민 A·B·C 등이 풍부하며, 특히 비타민 C는 찐 후에도 약 70~80%가 남아 있을 정도로 열에 안정하고, 칼륨과 칼슘이 풍부하다. 호박고구마에는 베타-카로틴이 일반 고구마에 비해 300배 이상 많으며, 자색고구마는 안토시아닌 함량이 호박고구마보다 높다.

고구마를 자른 단면에서 유백색의 점성 있는 액체가 나오는데 이는 얄라핀jalapin이

얄라핀

얄라핀은 고구마의 상처를 보호하기 위해 나오는 하얀 진액이다. 예로부터 설사를 하게 하는 하제로 사용된 얄라핀은 배변을 원활하게 하여 변비를 개선하며 대장암 예방 효과를 보이는데 생즙으로 이용하는 것이 더 좋다.

라고 하는 일종의 수지배당체이다. 얄라핀은 공기와 접촉하면 산화되어 검게 변하며 물에 녹지 않기 때문에 제거하기 어렵다. 또한 고구마는 저장하는 동안 연부병이나 흑반병(검은무늬병)에 의해 변질되기 쉽다. 흑반병으로 껍질이 갈색을 띠거나 검은 반점이 생긴 고구마는 쓴맛이 나는 유독물질인 이포메아마론ipomeamarone이 생성되는데 이 물질은 가열해도 쉽게 파괴되지 않는다. 고구마는 냉해를 입으므로 13℃ 정도에서 보관하는 것이 좋다.

(2) 고구마의 갈변

고구마는 감자처럼 껍질을 벗기거나 잘라서 공기 중에 방치하면 폴리페놀산화효소가 클로로젠산과 같은 폴리페놀화합물에 작용하여 갈색의 멜라닌을 생성, 갈변을 일으킨다. 고구마의 껍질 부분은 주피(바깥쪽)와 피층(안쪽)으로 이루어져 있는데, 폴리페놀산화효소와 폴리페놀화합물은 피층에 많으므로 껍질을 벗겨 물에 담가 공기와 접촉하지 못하게 하면 갈변을 막을 수 있다.

(3) 고구마의 조리 및 이용

고구마는 군고구마, 찐고구마, 튀김, 샐러드 등을 만들어 먹기도 하고 전분, 당면, 물엿, 주정의 원료로 사용된다. 고구마를 가열 조리할 때 β-아밀라제가 작용하여 충분한 당화가 일어나도록 하면 강한 단맛이 나는 고구마를 만들 수 있다. 고구마를 구울 때 뜨겁게 가열한 돌 속에 묻어 구우면 단맛이 강해지는 것은 고구마의 내부 온도가 β-아밀라제의 최적온도인 55~65℃ 정도를 오래 유지하여 서서히 가열되므로 이 효소에 의한 당화가 잘 진행되었기 때문이다.

3) 토란

토란taro은 인도, 인도네시아 등 동남아시아가 원산지이며, 우리나라에서는 7~8월경에 수확하여 추석 절기음식으로 토란탕을 만들어 먹는다. 토란은 80% 정도가 수분이고, 13% 정도 차지하는 탄수화물의 대부분은 전분이며 칼륨이 풍부하다.

토란 껍질을 벗기면 갈락탄이라고 하는 점질물이 나와 끈적거리는데 갈락탄은 당단백질 형태로 존재한다. 갈락탄은 토란탕을 끓일 때 거품이 생겨 끓어 넘치게 하고 국 국물을 걸쭉하게 하여 열 전달이나 맛 성분의 침투를 방해하므로 조리하기 전에 제거하는 것이 좋다. 토란의 점질물은 쌀뜨물이나 소금물에 데치거나 소금으로 문지르면 제거된다. 조리수에 1%의 소금을 넣으면 점질물이 쉽게 응고되어 점성이 낮은 토란탕을 만들 수 있다.

토란의 아린맛은 호모겐티스산homogentistic acid 때문으로 소금물에 담가두거나 데치면 제거할 수 있다.

토란은 5℃ 이하에서 냉해를 입어 부패하므로 흙이 묻은 채로 신문지에 잘 싸서 서늘한 곳에 보관하는 것이 좋다.

토란 껍질을 벗길 때 손이 가려운 이유는?

맨손으로 토란 껍질을 벗기면 손이 따갑거나 가려운 것은 수산염이 피부를 자극하기 때문이다. 수산은 특히 껍질에 많으며 소금물, 식초물에 담그거나 가열하면 가려움증이 나타나지 않는다.

4) 돼지감자

돼지감자는 돼지의 사료로 이용되어 붙여진 이름으로 '뚱딴지'라고도 한다. 북아메리카가 원산지로 아메리카인디언의 식량이었던 돼지감자에는 이눌린inulin이 풍부하다. 이눌린은 프럭토스의 중합체로 소화·흡수되지 않고 장내 비피더스균의 생육을 촉진하므로 비만 예방, 장 건강에 도움을 준다.

생 돼지감자는 아삭하고 우엉과 같은 맛이 나며 조림, 무침, 튀김, 수프, 무침, 샐러드, 차 등 다양하게 이용한다.

5) 마

마yam는 일반 재배종 마(장마, 단마, 둥근마)와 재래종 마인 참마로 나뉜다. 장마와 단마의 길이는 각각 45 cm, 30 cm 정도이며, 둥근마는 감자 모양을 하고 있다. 참마는 산마라고도 부르며 한양재로 사용될 때는 산약이라고 하는데, 다년생 식물로 뿌리가 가늘고 길다. 마는 전분이 주성분이고 비타민 C, 칼륨, 철이 풍부하다. 마의 껍질을 벗기면 미끈미끈한 점질물이 나오는데 이 물질은 뮤신으로 위벽을 보호한다. 마에는 아밀라제와 같은 소화효소가 들어 있어 생것으로 먹어도 소화가 잘된다. 마는 생것을 갈아서 먹거나 즙, 분말로 이용하기도 하며 조림, 수프, 샐러드, 튀김, 전, 젤리 등을 만들어 먹는다.

6) 카사바

카사바cassava는 마니오크라고도 하는 남아메리카 원산지의 덩이뿌리로 아메리카인디언의 주식이었으며 열대와 아열대 지역에 널리 분포한다. 카사바는 전분, 주정을 만드는 데 이용되며 사료로도 사용된다. 카사바의 덩이뿌리를 곱게 빻아 물에 넣어 가라앉는 것을 건져서 말려 얻은 것을 타피오카라고 하며, 이 전분은 물에 담가도 쉽게 불지 않기 때문에 버블티에 넣는 타피오카 펄의 제조에 사용된다.

버블티

버블티(타피오카 밀크티, 보바티)는 쫄깃쫄깃한 타피오카 펄을 넣은 타이완식 밀크티이다. 타피오카로 만든 버블 알갱이가 흑진주같이 생겼다 하여 쩐주나이차(珍珠奶茶)라고도 부른다. 카사바 뿌리를 곱게 빻아 물에 넣어 가라앉는 것을 건져 내어 베주머니에 넣고 흔들면 동글동글 알맹이가 만들어진다. 이 알갱이를 뜨거운 철판에서 잘 섞으면 반투명한 타피오카 펄이 만들어진다. 타피오카는 노화가 느리기 때문에 타피오카 펄은 쫄깃한 식감을 오래 유지한다. 버블티의 타피오카 펄이 검은색을 띠는 것은 캐러멜색소, 갈색설탕향 등을 넣었기 때문이다.

카사바는 단맛과 쓴맛을 내는 것이 있는데 쓴맛을 내는 카사바는 리나마린이라는 시안배당체가 함유되어 있어 유독물질인 시안이 생성되므로 타피오카 전분 제조 등 가공용으로 사용되고, 단맛을 내는 것만 판매하고 있다.

2. 두류

대두

녹두

두류는 콩과식물이 생산하는 종실을 말하며, 양질의 단백질과 지질의 주요 공급원이다. 두류에는 녹두, 대두, 리마콩, 완두, 잠두, 팥(적두)와 같은 완숙 종자와 청완두, 풋콩과 같은 미숙한 종자가 있다. 두류의 종실은 종피(껍질), 자엽, 배아로 이루어져 있으며 식용하는 부분은 자엽으로 90% 정도 차지한다 그림 6-2. 배아는 껍질 제거 시 쉽게 떨어져 나가는데 이 부분에서 발아가 일어난다.

완두

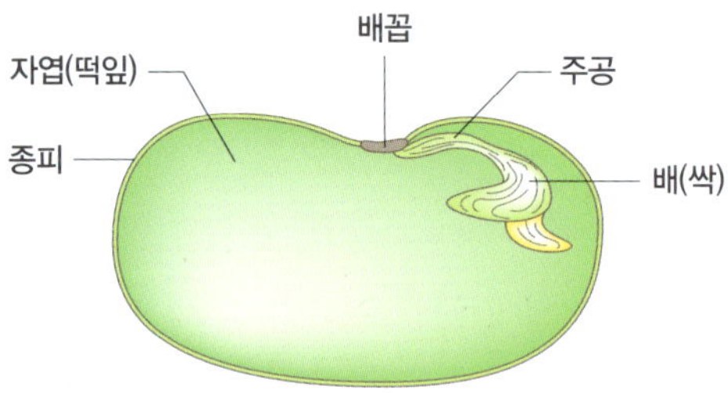

그림 6-2 **두류의 구조**

잠두

1) 두류의 성분

동부

두류 중 대두와 땅콩은 단백질과 지질 함량이 높고 탄수화물이 적으며, 강낭콩과 녹두, 완두, 팥(적두)은 단백질과 탄수화물 함량이 높다. 또한 풋완두, 풋콩 등은 채소와 같이 비타민 C와 수분 함량이 높다 표 6-2.

적두(팥)

두류의 단백질 함량은 대부분 20~40% 정도이며, 두류 단백질은 함황아미노산인 메티오닌, 시스테인이 부족하지만 리신, 이소루신, 루신, 페닐알라닌, 트레오닌, 발린 등 필수아미노산이 풍부하다. 대두의 주단백질은 글로불린에 속하는 글리시닌이고, 알

표 6-2 두류의 구성 성분

(가식부 100 g당)

구분	종류	수분 (g)	단백질 (g)	지질 (g)	탄수화물 (g)	총식이섬유 (g)	무기질			비타민				
							칼슘 (mg)	철 (mg)	인 (mg)	A (μg)	B_1 (mg)	B_2 (mg)	니아신 (mg)	C (μg)
단백질과 지질 함량이 높은 두류[1]	대두(노랑콩)	11.2	36.2	14.71	33.0	25.0	260	660	6.7	0	0.56	0.38	1.64	3.24
	땅콩	5.3	20.3	43.0	29.1	6.4	67	425	3.7	0	0.39	0.21	10.51	0
단백질과 탄수화물 함량이 높은 두류[1]	강낭콩	10.4	21.2	1.1	63.9	-	99	338	8.9	0	0.41	0.31	1.90	0
	녹두	9.4	24.5	1.5	60.2	22.4	100	441	4.1	20	0.28	0.09	1.63	5.29
	동부	14.4	19.6	2.1	60.6	21.0	56	499	5.2	2	0.28	0.09	3.07	0
	완두	8.1	20.7	1.3	67.1	-	35	174	2.03	44	0.47	0.25	1.7	0
	적두(팥)	15.2	21.8	1.1	58.6	15.6	64	5.12	400	0	0.42	0.17	2.5	4.29
수분과 비타민 C 함량이 높은 두류[2]	풋완두	89.8	3.2	0.1	5.5	0.8	65	0.9	65	0	0.15	0.13	0.9	55.0
	풋콩	69.8	11.5	6.6	8.5	1.9	90	1.7	170	0	0.32	0.16	1.3	30.0

[1]건조두류, [2]신선 두류

출처 : 농촌진흥청 국립농업과학원. 국가표준식품성분표 제10개정판, 2021; 제9개정판, 2016; 제7개정판, 2007.

부민에 속하는 레규멜린도 소량 함유되어 있다. 땅콩과 팥의 주단백질은 각각 글로불린에 속하는 아라킨, 파솔린이다. 두류는 대부분 지질 함량이 적으나 대두와 땅콩에는 각각 17%, 40~50% 정도로 많이 함유되어 있다. 두류에는 필수지방산인 리놀레산과 리놀렌산의 함량이 높고 소량의 레시틴, 세팔린 등 인지질이 존재한다. 강낭콩, 녹두, 동부, 완두, 팥에는 탄수화물 함량이 60% 이상이며 대부분이 전분이다. 대두에는 라피노스, 스타키오스와 같은 올리고당이 함유되어 있다.

강낭콩

리마콩

병아리콩

두류는 비타민 B군, 니아신, 판토텐산을 함유하고 있으며, 비타민 C는 풋완두, 풋콩에 풍부하다. 팥에는 비타민 B_1이 풍부하여 각기병 예방에 도움이 되고, 쌀밥을 지을 때 팥을 넣어주면 당질대사와 피로 회복에 좋다. 두류의 무기질 함량은 3~5%이며 칼륨과 인의 함량이 높다.

두류에는 이소플라본, 올리고당, 피틴산, 사포닌, 피니톨pinitol 등의 피토케미컬이 함유되어 있다. 두류에는 두류 및 가공품의 콩 비린내를 생성하는 리폭시게나제, 적혈구의 응고를 촉진하는 헤마글루티닌, 트립신의 작용을 방해하는 트립신 저해제 등이 존

단백질의 상호 보완효과

완전단백질이 아니어도 필수아미노산 조성이 다른 두 개의 단백질을 함께 섭취하여 서로 부족한 아미노산을 보충해 줌으로써 단백질의 질을 상호 보완할 수 있다. 두 종류의 식물성 단백질을 섭취하거나 리신이 부족한 곡류에 완전단백질인 우유나 달걀을 함께 섭취하면 자연히 필수아미노산의 불균형이 해결된다. 예를 들어, 콩밥은 콩에 부족한 메티오닌을 쌀이 보강해 주고, 콩은 쌀에 부족한 리신을 공급하여 필수아미노산의 균형을 이루게 된다. 다양한 식품을 섭취할수록 단백질의 상호 보완효과는 증가한다.

단백질 상호 보완효과의 예

재하는데 이들은 100℃에서 4~5분 정도 가열하면 불활성화된다.

2) 두류의 조리성

(1) 흡습성

두류는 대부분 건조시켜서 보관하므로 조리 전에 미리 물에 담가 수분을 흡수시켜야 조리시간을 줄이고 균일한 조리 상태를 유지할 수 있다. 두류는 물의 온도가 높을수록 물이 많이 흡수된다. 두류는 0.3% 중탄산나트륨(중조), 0.2% 탄산칼륨이나 탄산나트륨을 첨가한 물에 담그면 물 흡수가 빠른데 이는 알칼리성인 중조가 콩의 섬유질과 펙틴질을 분해하여 연화시키기 때문이다. 그러나 중조를 과량 사용하면 섬유질이 지나치게 분해되어 질감이 좋지 않고 비타민 B_1 등이 파괴된다. 한편 대두는 1% 소금물에 담그면 물을 잘 흡수하여 쉽게 연화된다.

① 대두

대두는 표피 전체에서 수분을 흡수하므로 20℃에서 5~6시간 정도 물에 담가 두면 콩 무게의 90% 이상의 물을 흡수한다. 대두에 물을 넣고 가열할 때는 끓기 전에 찬물을 넣어 50℃보다 낮게 조절하면 종피와 자엽의 온도가 같아져 주름이 생기지 않고 물을 잘 흡수하며 부드러워진다.

② 녹두와 팥

녹두와 팥은 표피가 단단하여 표피의 작은 구멍을 통해 흡수하여 수분 흡수가 어렵다. 팥은 20시간이 지나서 최대 흡수에 도달하므로 불리지 않고 그대로 물 넣어 가열하며, 녹두는 보통 반으로 조개어 물에 불려서 껍질을 제거한 다음에 이용한다.

(2) 용해성과 응고성

대두는 물에 불려 마쇄하면 글리시닌이 용출되는데 이때 소금을 소량 넣으면 쉽게 용출된다. 글리시닌은 산이나 금속염에는 불안정하여 pH를 등전점인 4~5로 조절하거나 간수와 같은 응고제를 넣으면 응고, 침전하게 된다. 두부는 대두의 응고성을 이용한 대표적 식품이다.

(3) 기포성

대두와 팥을 삶을 때 거품이 생겨 끓어 넘치는 것은 사포닌이 함유되어 있기 때문이다. 팥은 한소큼 끓인 후 물을 버리고 다시 물을 붓고 삶으면 사포닌이 제거되어 끓어 넘치는 것을 막을 수 있다. 사포닌은 장을 자극하므로 과다하게 섭취하면 설사를 일으킬 수 있다. 기름을 조금 넣은 물에 대두를 넣고 가열하면 끓어 넘치지 않고 좋다.

(4) 호화성

팥과 녹두는 전분이 단단한 세포막에 의해 둘러싸여 있어 호화된 전분이 세포 안에 가득 찬 상태로 세포벽이 응고하므로 각 세포는 분리되어 보슬보슬한 가루가 된다 그림 6-3. 팥과 녹두로 각각 팥 앙금(팥소), 녹두 앙금 등을 만들 수 있는 것은 이 때문이며, 강낭콩과 동부를 이용하여 앙금을 만들 수 있는 것도 이러한 성질 때문이다.

(5) 발아

두류는 어둡고 따뜻한 곳에서 발아하는데 콩나물과 숙주나물이 대표적 두채식품이

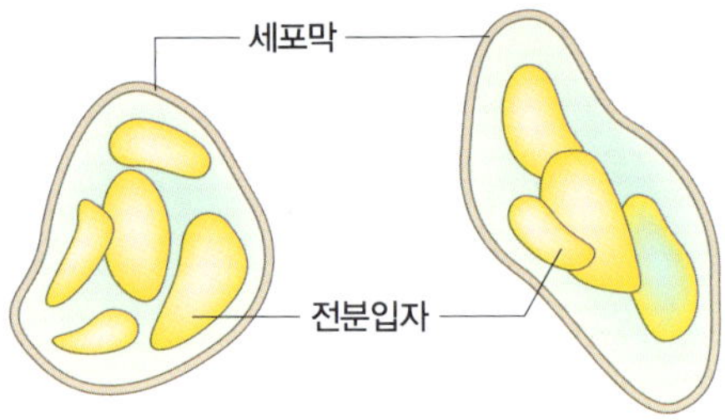

그림 6-3 팥 앙금의 세포 내 전분입자

다. 발아하면 두류에 존재하지 않는 비타민 C 함량이 크게 증가하고 비타민 B_1, 비타민 B_2, 아스파라긴의 함량도 높아진다.

3) 두류의 이용

(1) 장류

① 간장

재래식 간장은 메주를 햇빛에 말린 후 소금물에 담가 1~2개월 정도 숙성시킨 후 메주를 건져 내고 남은 장물로 만든다. 개량식 간장은 대두, 밀, 코지를 섞어 소금물에 담가 숙성시킨 후 간장을 분리하여 살균한다.

② 된장과 막장

메주를 소금물에 담가 숙성시킨 후 장물을 떠내고 남은 건더기를 분리하여 소금을 넣고 발효시킨 것이며, 숙성 후 그대로 밀, 보리 등 전분질 곡류와 고춧가루를 넣어 숙성 발효시킨 것이 막장이다. 개량식 된장은 콩과 곡류로 빚은 메주를 소금물에 담가 숙성시킨 다음 메주를 다른 용기에 담은 것이다.

③ 청국장

청국장

대두를 삶은 콩을 볏짚의 고초균*Bacillus subtilis*을 이용하여 발효시킨 것으로 독특한 냄새와 감칠맛이 난다. 발효 중 실 같은 흰색의 끈적끈적한 물질이 만들어지는데, 이 점액성 물질은 글루탐산이 중합된 폴리펩티드와 프럭토스가 중합된 프락탄의 혼합물이다. 청국장은 프로테아제와 아밀라제 활성이 높아 소화가 잘된다.

④ 낫토

낫토

낫토는 바실러스 낫토*Bacillus natto*를 이용하여 발효시켜 만들며, 청국장과 같이 냄새가 독특하고 실 같이 늘어지는 점질물질이 있다. 낫토는 겨자, 간장 등을 넣어 그대로 먹거나 김에 싸 먹기도 한다.

(2) 두유

두유는 단백질과 섬유질이 풍부하고 우유 알레르기나 유당불내증인 사람에게 좋은 우유 대용품이다. 두유는 콩을 물에 충분히 불려서 삶은 다음 마쇄, 여과하여 만들며, 두유를 만들고 남은 찌꺼기가 비지이다.

(3) 두부

유바

두부는 두유에 콩 무게의 1~2% 정도의 응고제를 첨가하여 글리시닌을 응고, 침전시켜 만든다. 두부는 두유의 가열온도가 높고 응고제의 양이 많을수록 단단하며, 응고제의 종류에 따라 특성에 차이를 보인다. 두유를 80℃ 정도로 가열했을 때 생기는 얇은 막을 유바(두부피)라고 한다.

발효두부

중국의 취두부와 모두부는 발효시켜 만든 두부이다. 취두부臭豆腐(쵸우또우푸)는 두부를 눌러서 수분을 제거한 뒤 소금을 뿌려 발효시키는데 청국장처럼 독특한 강한 냄새가 난다. 취두부는 겉이 바삭바삭하도록 구워 양념장을 끼얹어 먹는다. 모두부(마오또우푸, 毛豆腐)는 발효되면서 두부 표면에 흰 곰팡이가 실처럼 자란 것으로 브리Brie 치즈처럼 부드럽다.

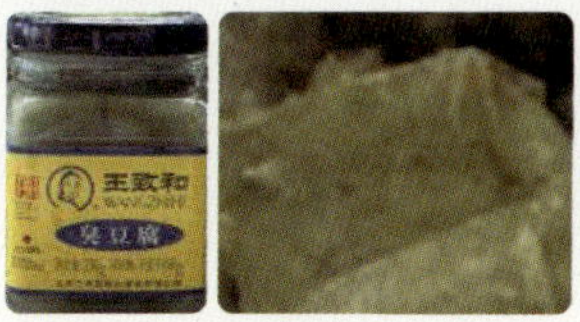

취두부

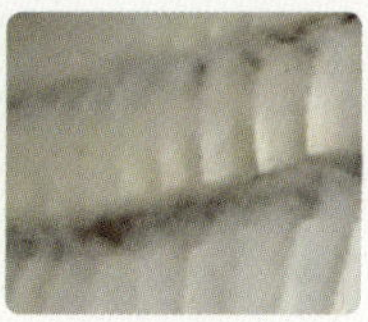
모두부

콩자반

(4) 콩자반

콩자반은 콩을 충분히 물에 불린 후 삶아서 간장, 설탕을 넣어 조린 것이다. 콩을 조릴 때 설탕을 한꺼번에 넣으면 콩이 단단해지므로 2~3회 나누어 넣는 것이 좋다.

콩나물

숙주나물

(5) 콩나물과 숙주나물

나물콩을 발아시킨 콩나물은 발아과정에서 아스파라긴산, 글루탐산 등 아미노산과 비타민 C, 식이섬유 함량이 증가하고 지방 함량이 낮아지며, 전분이 단당류로 분해되어 소화율이 좋아진다. 아스파라긴산은 콩나물의 뿌리 부분에 많이 존재하여 숙취 해소에 좋다.

녹두를 발아시킨 숙주나물은 줄기가 유백색을 띠고 머리가 황색이며 잎이 나지 않은 것이 좋다.

도토리묵

(6) 묵

녹두나 동부를 물에 불린 후 곱게 갈아서 체로 거른 다음 가라앉은 앙금을 건져 내어 물을 넣고 가열하면 전분이 호화되어 걸쭉해지는데, 이를 틀에 부어 굳히면 묵이 된다. 녹두로 만든 청포묵(녹두묵)은 껍질을 벗긴 거피 녹두로 만들어 보통 흰색을 띠는데, 껍질째 갈아서 묵을 쑤면 녹두 껍질의 클로로필 색소로 인해 비취색을 띤다. 녹두에 치자물을 들이면 노란색을 띠는 황포묵이 된다.

묵은 80~90% 정도가 수분인 저열량 식품이다.

수조육류

CHAPTER **7**

1. 육류의 구조
2. 육류의 성분
3. 육류의 색소
4. 육류의 사후경직과 숙성
5. 육류의 연화
6. 육류의 부위별 명칭 및 등급
7. 육류의 가열에 의한 변화
8. 육류의 조리

CHAPTER 7 수조육류

육류는 소, 돼지, 양과 같은 수육과 닭, 오리 등의 조육으로 나눌 수 있으며, 이러한 육류는 모두 동물성 단백질의 주요 급원이라고 할 수 있다. 육류는 동물의 종류 및 부위에 따라 영양 성분의 함량 및 분포 상태에 다소 차이가 나며, 이러한 차이가 육질과 맛 등에 영향을 미친다.

1. 육류의 구조

육류는 근육조직, 결합조직, 지방조직의 세 가지 조직으로 구성된다.

1) 근육조직

동물의 근육은 가로무늬근(횡문근)과 민무늬근(평활근)으로 나뉜다. 가로무늬근에는 골격을 구성하는 골격근과 심장을 구성하는 심근이 있고, 민무늬근에는 내장기관을 구성하는 내장근이 있다.

근육조직은 가늘고 긴 근섬유소가 연결된 근원섬유로 구성되고 근원섬유가 모여 근섬유를 이룬다.

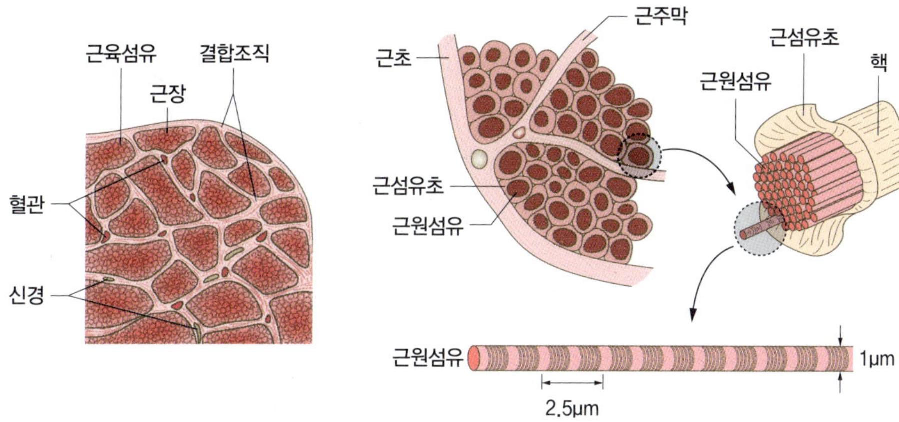

그림 7-1 **골격의 구조**

근원섬유는 액틴과 미오신 등의 섬유상 단백질로 구성되며, 이 사이에 미오겐, 글리코겐 등이 있는 근장이 채워져 있다. 근육 단백질인 액틴과 미오신이 결합하면 액토미오신이 되는데, 이때 근원섬유의 수축이 일어나 근육 전체가 수축한다. 액틴과 미오신이 결합하지 않고 각각이 존재할 때가 근육이 이완된 상태이다.

2) 결합조직

결합조직은 근섬유나 근육을 뼈에 연결하는 건, 힘줄 등과 같이 각 조직을 다른 조직과 결합하는 역할을 하는 조직이다. 결합조직은 콜라겐, 엘라스틴, 레티큘린 등으로 구성되어 있다. 결합조직 중 콜라겐이 가장 많이 함유되어 있다. 콜라겐은 세 가닥의 폴리펩티드 사슬이 삼중 나선 구조로 이루어진 트로포콜라겐이 구성 단위인데, 트로포콜라겐이 모여 콜라겐 세섬유를 이루고, 콜라겐 세섬유가 모여 콜라겐 섬유를 이룬다. 콜라겐은 물과 함께 가열하여 65℃ 이상으로 온도가 올라가면 수용성인 젤라틴으로 바뀌어 흐름성이 있는 졸sol의 형태로 변한다. 젤라틴은 다시 온도가 내려가면 다시 굳어 젤gel의 형태로 변한다.

엘라스틴은 황색을 띠며 고무와 같은 탄성을 갖고 있다. 엘라스틴은 콜라겐과 달리 가열하여도 변화가 거의 없다.

육류는 결합조직이 많을수록 질긴 특성을 나타낸다.

3) 지방조직

지방조직은 근육 및 결합 조직 사이에 작은 입자나 덩어리로 흩어져 있다. 근육조직에 있는 지방은 육류의 연한 정도에 영향을 미치고 전체적인 풍미에 관여한다. 지방이 근육 중에 대리석 같은 얼룩무늬로 존재하는 경우가 있는데 이러한 지방의 형태를 상강육marbling이라고 한다.

2. 육류의 성분

육류는 수분이 약 75% 함유되어 있으며, 고형분은 단백질, 지방 그리고 소량의 비타민과 무기질 등으로 구성되어 있고, 탄수화물은 극히 적게 함유되어 있다.

1) 단백질

육류 단백질은 16~22% 함유하고 있으며, 인체와 유사한 아미노산 조성을 갖는 양질의 단백질로 우수한 단백질 급원식품이다.

2) 지방

동물의 지방은 약 5~40%를 함유하고 있으며, 피하, 내장 및 근육 사이에 축적되어 있는 축적지방과 근육조직, 내장조직 중에 있는 조직지방으로 나눌 수 있다.

축적지방의 약 90%는 중성지방이고, 구성 지방산은 주로 포화지방산으로 지방의 녹는점이 높아 녹는점 이상으로 가열하여 따뜻하게 먹는 것이 좋다. 조직지방은 대부분 인지질이며, 그 외 중성지방과 콜레스테롤 등을 함유하고 있다.

3) 탄수화물

육류의 탄수화물은 주로 글리코겐의 형태로 근육 등에 저장되어 있으며 약 0.5~1% 정도를 함유하고 있다. 글리코겐은 도살 직후 젖산으로 분해되어 사후변화에 관여하

표 7-1 육류의 구성 성분

(가식부 100g당)

성분		열량 (kcal)	수분 (%)	단백질 (g)	지방 (g)	당류 (g)	회분 (g)	무기질					비타민				
								칼슘 (mg)	인 (mg)	철 (mg)	나트륨 (mg)	칼륨 (mg)	A (RE)	B_1 (mg)	B_2 (mg)	니아신 (mg)	C (mg)
쇠고기	등심	313	55.3	15.6	26.3	0	0.69	11	147	2.24	56	241	26	0.019	0.345	1.754	0.8
	갈비	307	56.4	16.5	24.4	-	0.8	9	110	3.0	127	194	0	0.03	0.27	0.9	0
	양지	253	61.0	18.6	18.6	0	0.83	5	163	1.92	361	372	12	0.009	0.245	2.301	0.93
	채끝	126	76.2	17.1	5.6	-	0.9	11	111	2.2	55	265	7	0.07	0.19	4.2	0
돼지고기	갈비	236	65.0	17.8	17.1	0	0.88	9	185	0.73	64	287	4	0.61	0.176	3.092	0.87
	뒷다리	135	72.6	20.9	4.97	0	1.06	5	189	0.68	48	339	2	0.666	0.067	5.721	1.10
	삼겹살	372	52.2	13.90	33.31	0	0.73	8	147	0.49	56	239	18	0.479	0.163	1.737	0.59
	안심	123	74.4	22.21	3.15	0	1.17	3	211	0.78	46	373	3	0.868	0.298	3.954	0.26
닭고기		180	69.4	19.0	10.6	-	0.9	10	170	0.9	66	59	50	0.20	0.21	2.7	0

출처 : 농촌진흥청 국립농업과학원. 국가표준식품성분표 제10개정판, 2021.

는데 근육 내에 글리코겐 함량이 적으면 숙성이 충분히 진행되지 않을 수 있다.

4) 비타민 및 무기질

육류에는 주로 비타민 B_1, B_2, 니아신 등 비타민 B군이 많이 함유되어 있다. 특히 돼지고기에는 쇠고기보다 비타민 B_1의 함량이 높다. 또한 내장에는 비타민이 풍부하게 함유되어 있으며 특히 간에는 비타민 B와 더불어 비타민 A, 비타민 C 등이 함유되어 있다.

무기질은 약 1% 정도 함유되어 있는데 주로 인, 철을 함유하며 약간의 칼륨도 있다.

3. 육류의 색소

육류에는 소량의 혈색소인 헤모글로빈이 있고, 근육의 주된 색소는 미오글로빈이다. 미오글로빈은 붉은색을 나타내는 헴분자 1개와 글로빈 단백질 1개가 결합된 것이다. 미오글로빈은 헤모글로빈이 운반해 온 산소를 받아 글루코스가 연소할 때 산소를 필요로하면 산소를 준다. 이때 적자색의 미오글로빈이 산소와 결합하면 선홍색의 옥시미오글로빈이 되고, 산소를 글루코스에 주고 나면 다시 미오글로빈으로 된다. 이때 산소가 부족하면 미오글로빈이 산화되면서 2가의 철이 3가로 되어 적갈색의 메트미오글로빈이 된다.

육류의 미오글로빈 함량은 동물의 종류, 나이 부위 등에 따라 다르며, 나이가 어리고 운동량이 적을수록 미오글로빈 함량이 적어 분홍색을 띤다.

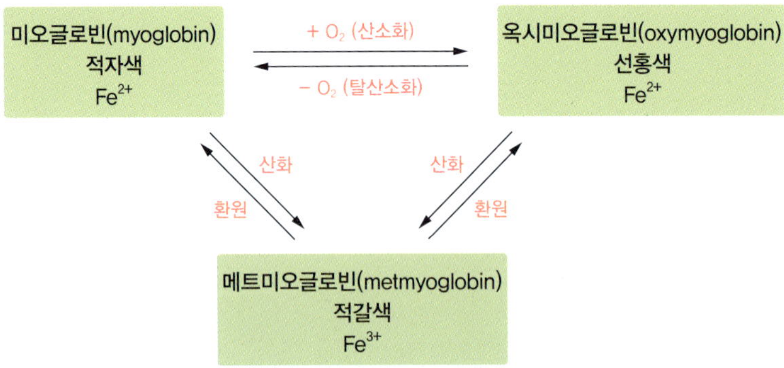

그림 7-2 **육류의 색 변화**

4. 육류의 사후경직과 숙성

1) 사후경직

동물이 도살된 후 시간이 지나면 근육이 단단해지는데 이를 사후경직이라고 한다.

사후에 체내로 산소 공급이 중단되면 근육에 저장되어 있던 글리코겐은 해당작용에 의해 젖산이 된다. 도살 직후 체내의 pH는 7.0~7.4 정도이지만 체내에 젖산이 생성되면서 pH가 감소하여 산성으로 변한다. 체내의 pH가 6.5 이하로 떨어지면서 체내의 ATP 분해효소가 활성화되어 ATP가 분해된다. 이때 ATP가 분해되면서 에너지가 공급되어 근육에 존재하고 있던 액틴과 미오신이 수축하여 액토미오신이 생성되며 고기가 단단해진다. ATP의 분해과정에서 생성된 인산으로 인해 근섬유의 보수성도 크게 떨어지게 된다. 육질이 단단해지고 보수성이 감소된 사후경직 상태에서는 조리하여도 육질

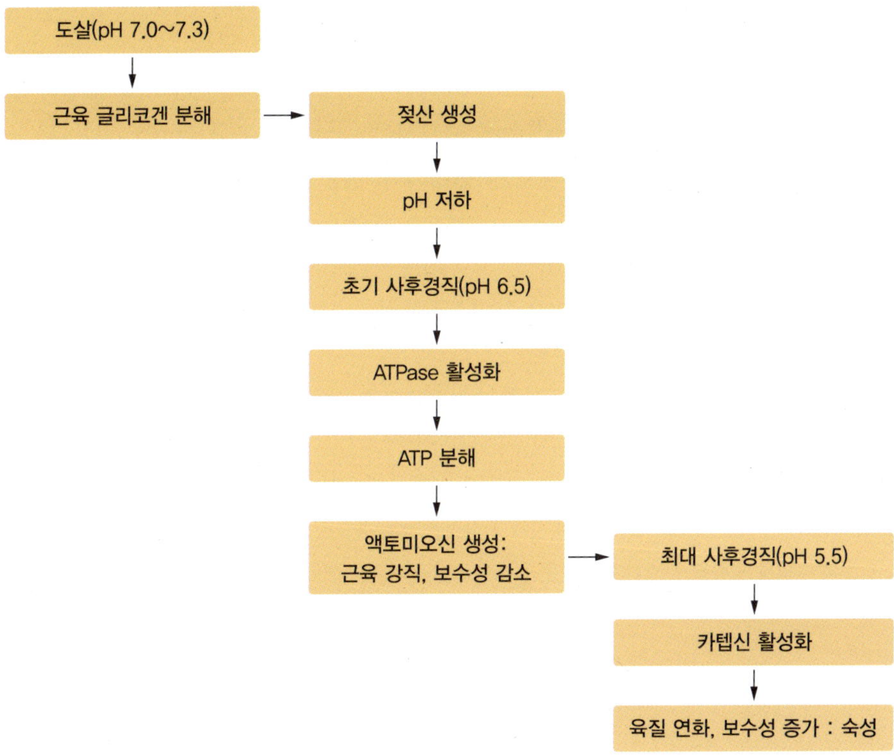

그림 7-3 **육류의 사후 변화**

이 부드러워지지 않는다. 사후경직은 동물의 몸집에 비례하여 큰 동물일수록 사후경직에 걸리는 시간이 길고 또 온도가 낮을수록 오랜 시간이 소요된다.

2) 숙성

사후경직 동안 젖산이 계속 생성되면서 pH가 감소하여 약 5.5 정도에 이르면 근육 내에 젖산 생성은 정지된다. 이후 체내 단백질분해효소인 카텝신cathepsin이 활성화되면서 액토미오신이 가수분해되어 조직이 연화된다. 카텝신에 의해 단백질이 분해되면서 유리아미노산 등이 생성되고, 근육 내에 있던 ATP가 분해되면서 IMP, 이노신inosine 등 맛 성분이 증가한다. 또한 유리아미노산, 핵산 분해물질 등 육 추출물의 증가하면 보수성 또한 증가한다. 이렇게 조직이 연화되고 보수성과 맛 성분이 증가하는 과정을 숙성이라고 한다.

숙성과정에서 산소가 충분히 공급되면 육색소인 미오글로빈이 산소와 결합하는 산소화 반응이 진행되면서 옥시미오글로빈이 되어 고기의 색이 선홍색으로 변한다.

숙성속도는 온도가 높을수록 빠르게 진행되나, 온도가 높아지면 숙성과 동시에 부패가 진행될 수 있으므로 냉장온도에서 서서히 숙성시키는 것이 바람직하다.

wet aging(습식 숙성)과 dry aging(건식 숙성)

- wet aging(습식 숙성): 일반적인 숙성방식이 wet aging이다. Wet aging은 육류를 플라스틱 포장재질로 진공 포장한 후에 약 -1℃에서 약 60일가량 저장하며 숙성하는 방식이다.
- dry aging(건식 숙성) : 최근에 유행하는 숙성방식으로 일정한 온도, 습도, 통풍이 유지되는 장소에서 육류를 공기 중에 노출시키면서 자연적으로 숙성시키는 방법이다. 육류를 노출시켜 저장하는 방식이므로 수분이 노출되어 전체적으로 풍미가 진해진다. 그러나 수분의 증발로 중량이 감소하고 겉부분은 산패가 일어나 제거해야 하므로 일반 숙성 고기보다 가격이 비싸다.

5. 육류의 연화

1) 육류의 연화 정도에 영향을 주는 인자

육류의 연화는 결합조직, 지방 함량, 근섬유에 따라 영향을 받는다.

육류는 콜라겐, 엘라스틴과 같은 결합조직이 많을수록 질겨지는 특성이 있다. 근육조직을 구성하는 근섬유의 특성에 따라 연화 정도가 달라지는데, 근섬유가 굵고 길수록 질겨지는 특성이 있다. 근섬유는 암컷이 수컷보다 가늘고, 나이가 어릴수록 가늘며, 운동량이 적을수록 가늘다. 구성성분 중 지방은 전체적으로 육질을 부드럽게 해준다.

2) 육류의 연화방법

(1) 기계적 연화

육질은 근섬유와 결합조직을 잘라주면 부드러워진다. 따라서 고기를 두들기거나 칼집을 내거나 잘라주면 육질이 부드러워진다.

(2) 효소적 연화

화학적 연화는 근섬유와 결합조직을 단백질분해효소에 의해 가수분해하여 부드럽게 하는 방법이다. 과일에는 단백질분해효소가 함유되어 있어 이들을 이용해 육질을 부드럽게 한다. 대표적으로 파인애플에는 브로멜린bromelin, 파파야에 파파인papain, 무화과에 피신ficin, 키위에 액티니딘actinidin 등이 있으며, 배에도 프로테아제가 들어 있어 육질을 연화시킨다. 시판되고 있는 연육소는 단백질분해효소들을 가공한 것으로 이 역시 육질을 부드럽게 해주는 작용을 한다.

(3) 설탕

설탕은 수화작용을 통해 단백질의 가열에 의한 응고를 지연시켜 육질을 부드럽게 한다. 그러나 설탕을 너무 많이 첨가하면 탈수작용을 일으켜 질겨질 수 있다.

(4) 염

소금이나 간장과 같은 염을 첨가하면 육질이 부드러워진다. 이는 염이 근섬유와 접촉하는 부분을 분해시켜 단백질이 수분과 결합하는 능력을 높인다. 즉, 수화작용을 통해 육질을 부드럽게 해주는 효과를 나타낸다. 그러나 염 역시 너무 많이 첨가하면 탈수로 인해 질겨진다.

(5) pH

근육단백질의 등전점인 pH 5~6보다 낮거나 높게 조절하면 육질을 연화시킬 수 있다.

6. 육류의 부위별 명칭 및 등급

쇠고기, 돼지고기, 닭고기의 부위별 명칭은 나라마다 다르다. 각 육류는 부위마다 성분과 육질, 맛 등이 달라 조리 용도가 다르다. 따라서 육류는 조리에 맞는 적절한 부위를 선택하여 각 부위에 맞는 조리를 하는 것이 필요하다.

1) 쇠고기

쇠고기의 등급은 육질등급과 육량등급으로 구분하여 판정한다. 육질등급은 고기의 질을 근내 지방도, 육색, 지방색, 조직감, 성숙도에 따라 1++, 1+, 1, 2, 3등급으로 판정하는 것으로 소비자가 고기를 선택하는 기준이 되며, 육량등급은 도체에서 얻을 수 있는 고기량을 도체 중량, 등지방 두께, 등심 단면적을 종합하여 A, B, C등급으로 판정한다.

표 7-2 쇠고기 등급 표시

(단위: kg, (%))

구분		육질등급					
		1++등급	1+등급	1등급	2등급	3등급	등외(D)
육량 등급	A등급	1++A	1+A	1A	2A	3A	
	B등급	1++B	1+B	1B	2B	3B	
	C등급	1++C	1+C	1C	2C	3C	
	등외(D)						

자료 : 축산물품질평가원 홈페이지(http://www.ekape.or.kr)

표 7-3 육량등급 판정기준

육량등급	육량지수
A	67.20 이상
B	63.30 이상~67.20 미만
C	63.30 미만

등지방 두께, 배최장근 단면적, 도체의 중량을 측정하여 산정된 육량지수에 따라 A, B, C의 3개 등급으로 구분함
자료 : 축산물품질평가원 홈페이지(http://www.ekape.or.kr)

2) 돼지고기

돼지고기는 고기의 색깔, 지방의 정도에 따라 1+, 1, 2, 등외 등급의 4개 등급으로 구분한다. 돼지고기는 쇠고기에 비해 미오글로빈 함량이 적어 색이 옅은 특성이 있다.

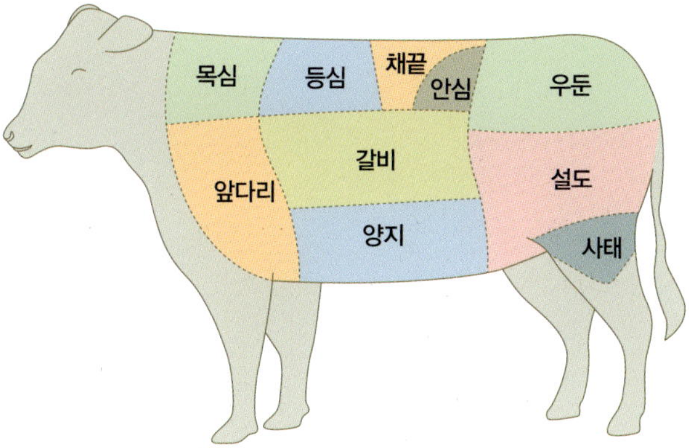

그림 7-4 **쇠고기의 부위에 따른 명칭**
출처 : 축산물품질평가원

표 7-4 쇠고기의 부위별 특징 및 조리법

부위명		특징	조리법
한국	미국		
목심	chuck	결합조직이 많고 지방이 적어 육질이 질김	조림, 편육, 미트볼, 햄버거 등
등심	loin	살이 두껍고 마블링이 있어 부드러움	구이, 로스트, 바비큐 등
갈비	rib	연하고 풍미가 좋음	구이, 스테이크, 브로일 등
안심	tenderloin	운동량이 적어 조직이 연함	구이, 스테이크, 브로일 등
채끝	striploin	조직이 연하고 풍미가 좋음	구이, 스테이크, 브로일 등
우둔	round	지방이 많으나 조직이 질김	편육, 조림, 스튜 등
사태	fore shank	골질이 많고 지방은 적음	편육, 스튜 등
양지	brisket flank	결합조직이 많고 지방이 적어 조직이 질김	편육, 탕, 스튜 등

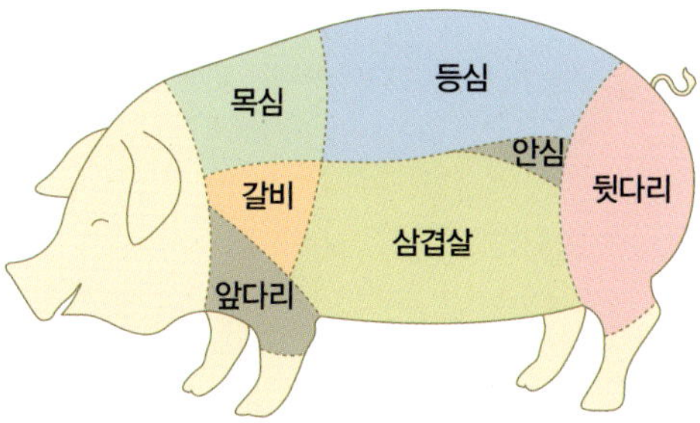

그림 7-5 **돼지고기의 부위에 따른 명칭**
출처 : 축산물품질평가원

표 7-5 돼지고기의 부위별 특징 및 조리법

부위명		특징	조리법
한국	미국		
목심	boston butt	지방이 있어 풍미가 좋음	구이, 수육 등
등심	loin	등쪽에 두꺼운 지방층이 있어 고기가 연함	구이, 스테이크 등
갈비	rib	지방이 있어 풍미가 좋음	구이, 바비큐 등
안심	tenderloin	지방이 약간 있으며 조직이 연함	구이, 스테이크 등
삼겹살	bacon	지방이 많고 풍미가 좋음	구이, 베이컨 등
앞다리	shoulder	앞다리 위쪽 부위로 근육이 있음	불고기, 수육 등
뒷다리	ham	지방이 적고 살이 두꺼움	불고기, 햄 등

3) 닭고기

닭고기는 통닭과 부분육을 대상으로 품질을 평가하여 통닭은 1+, 1, 2등급, 부분육은 1, 2등급으로 구분한다. 닭고기(통닭)는 외관, 비육 상태, 지방 부착 상태, 신선도와 깃털, 외상, 이물질유무 등에 따라 등급 판정을 하며, 부분육은 냉동하지 않은 신선한

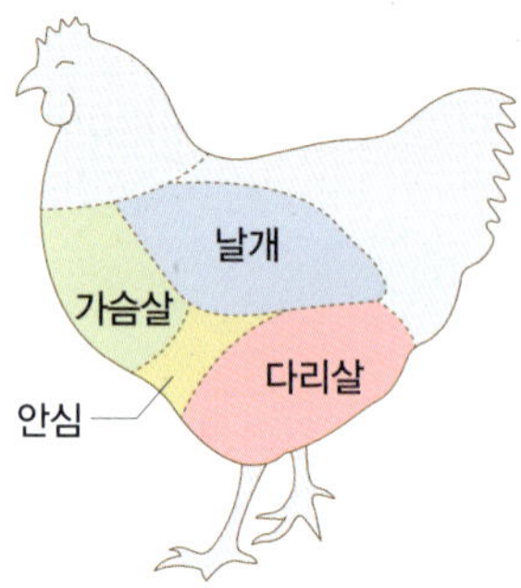

그림 7-6 닭고기의 부위에 따른 명칭
출처 : 축산물품질평가원

표 7-6 닭고기의 부위별 특징 및 조리법

부위명	특징	조리법
가슴살	지방이 적고 담백하다	구이, 커틀릿 등
다리살	지방이 풍부하다	구이, 튀김 등
날개살	지방이 많고 조직이 부드럽다	구이, 튀김 등

닭뼈 주위의 살이 갈색인 이유는?

닭뼈 주위의 살이 갈색인 경우는 냉동한 닭으로 조리를 했기 때문이다. 냉동 중에 적혈구가 파괴될 수 있는데 파괴된 그대로 가열하면 갈색으로 변색이 일어난다.

원료육만을 사용한 부분육을 대상으로 과도한 변색이나 골절, 오염, 이물질이 포함된 원료는 사전에 제거한 후 평가하여 등급 판정을 한다.

7. 육류의 가열에 의한 변화

1) 단백질의 변성과 중량 감소

육류는 가열하면 단백질의 변성이 일어나면서 수축한다. 근육이 수축함에 따라 육즙이 빠져나오면서 중량의 감소도 일어난다. 온도에 따라 근육의 수축 정도가 달라 육질에도 영향을 준다. 쇠고기의 경우 내부 온도에 따라 부르는 명칭이 다르다. 내부 온도가 60℃일 때를 레어rare라고 하며 액즙이 많고 부드럽다. 내부 온도가 71℃일 때는 미디움medium이라 하며 액즙이 감소하고 육질도 질겨진다. 내부 온도가 77℃일 때는 웰 던well done이라 하고 육질이 가장 질기다.

레어

미디움

웰 던

돼지고기는 선모충이라는 기생충에 감염되는 일이 많기 때문에 내부 온도가 85℃ 이상이 되도록 조리하는 것이 바람직하다. 이 기생충은 치사 온도가 약 58℃이므로 내부 온도를 85℃ 이상으로 가열하면 안전하게 먹을 수 있다.

2) 색과 맛의 변화

육색소인 미오글로빈은 가열하면 단백질인 글로빈은 변성되어 분리되고, 2가 철(Fe^{2+})을 갖는 헴heme 색소는 3가 철(Fe^{3+})을 갖는 헤마틴hematin으로 산화되어 갈색화 반응이 일어난다.

육류를 가열하면 아미노산, 핵산 분해물들이 생성되면서 맛 성분이 증가하여 풍미가 좋아진다. 또한 가열 시 저급 탄소화합물, 함황화합물 같은 향기성분이 증가된다.

햄과 같은 육가공식품의 경우 가열하여도 색의 변화가 발생하지 않는다. 육가공식품을 만드는 공정에서 아질산염 처리를 하는데 아질산염은 육색소인 미오글로빈과 반응하여 선홍색의 니트로소미오글로빈을 생성한다. 니트로소미오글로빈은 가열하면 니트로소미오크로모겐으로 변하나 색은 여전히 선홍색을 유지한다. 이러한 이유로 아질산염을 처리하는 공정을 육색소 고정이라고 한다.

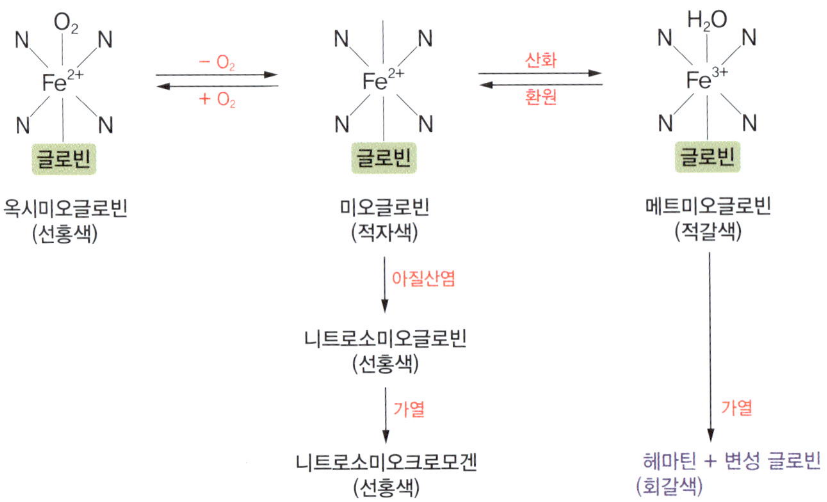

그림 7-7 육색소의 가열 시의 변화

8. 육류의 조리

육류는 부위에 따라 조리방법이 달라진다. 결합조직이 적어 부드러운 부위는 수분 없이 가열하는 건열 리를 이용하며, 결합조직이 많아 질긴 부위는 물과 함께 가열하는 습열조리방법을 이용한다.

1) 건열조리

건열조리는 물을 가하지 않고 가열하는 조리방법으로 안심, 등심, 채끝과 같이 결합조직이 적어 부드러운 부위에 적합한 조리방법이다.

(1) 불고기

불고기

불고기는 너비아니라고 부르던 것으로, 기름기가 적고 연한 부위에 양념을 하여 석쇠에 물에 적신 창호지를 깔고 그 위에 구웠다. 그러나 요즘은 판 위에 직접 굽기도 하고 프라이팬을 이용하여 굽는 등 조리법이 조금 변형되었다.

(2) 로스팅

로스팅도 서양식 건열조리방법의 하나로 고기를 기름칠한 팬에 놓고 오븐에서 서서히 굽는 조리방법이다.

(3) 브로일링

고기를 직접 불에 굽는 조리법으로 대표적인 음식이 스테이크와 바비큐이다. 브로일링은 불에 의해 고기 표면의 단백질이 응고되므로 육즙이 빠져나오는 것을 막아 맛이 있다.

(4) 팬 브로일링

팬 브로일링은 기름칠을 한 팬을 가열한 후에 고기를 구워 익히는 조리방법으로 시간이 절약되는 장점이 있다.

2) 습열조리

습열조리는 물과 함께 가열하는 조리방법으로 양지머리, 사태 등 결합조직이 많아 질긴 부위의 조리에 적합하다.

(1) 편육

편육은 고기에 육즙이 남아 있도록 해야 맛있는 조리가 된다. 따라서 고기를 물에 넣을 때 물이 끓은 후 넣어 고기 표면을 응고시켜 안에 있는 육즙이 빠져나오지 않도록 하는 것이 좋다. 고기가 익은 후 삼베 등에 싸서 무거운 것으로 눌러 놓았다가 얇게 썬다. 고기를 썰 때는 결의 반대 방향으로 써는 것이 좋다.

돼지고기를 삶을 때에는 냄새를 제거하기 위해 된장, 생강 등을 넣는다. 생강의 냄새 제거성분은 단백질과 반응하므로 생강을 넣을 때는 고기가 익은 후 넣어야 냄새 제거 효과를 얻을 수 있다.

곰탕

(2) 곰탕

곰탕은 가능한 육즙이 탕으로 많이 우러나와야 맛있는 조리가 된다. 따라서 곰탕에서 고기를 물에 넣을 때는 찬물에 넣어 가능한 육즙이 많이 우러나오게 하는 것이 좋다.

장조림

(3) 장조림

장조림은 고기를 찢어 만드는데, 홍두깨살이나 사태 등이 근섬유조직이 길어 잘 찢어지므로 이에 적합하다. 장조림을 부드럽게 조리하려면 물에 고기만 넣고 삶아 고기를 부드럽게 한 이후에 간장과 설탕 등을 넣는다. 처음부터 간장과 설탕을 넣으면 삼투압으로 인해 수분이 빠져나와 고기가 질겨진다.

(4) 수프

수프는 여러 종류가 있으나 대부분 고깃국물을 사용한다. 고깃국물은 수프 스톡 soup stock이라 하고 고기와 함께 뼈, 채소 등을 넣고 끓인다. 수프 스톡은 브라운 스톡과 화이트 스톡으로 나눈다. 브라운 스톡은 고기와 송아지 뼈를 볶은 후 색이 짙은 채소를 넣고 끓이며 국물이 갈색을 띤다. 화이트 스톡은 다 자란 소의 뼈를 사용하고 색이 옅은 채소를 이용해 국물을 낸다.

3) 복합조리

복합조리는 건열조리와 습열조리를 모두 이용하는 조리방법으로 대표적인 것이 브레이징이다. 브레이징은 고기 등을 먼저 볶는 건열조리를 한 후에 채소 등을 넣고 물과 함께 끓이는 습열조리를 하는 것이다.

수비드(sous-vide) 방식이란?

밀폐된 비닐봉지에 담긴 음식물을 정확히 계산된 중~고온의 물로 가열하는 조리법이다.

완전 밀폐와 가열처리가 가능한 위생비닐 속에 조리하고자 하는 재료와 양념을 넣어 진공 포장한 후 정확한 물의 온도를 유지하여 24~72시간 음식물을 데운다. 수비드 방식의 조리는 수분을 잃지 않고 맛과 향을 보존하며 질감에서 기존의 조리방식과 차이가 난다.

육류의 주성분은 단백질로 익을수록 점점 단단해지고 질겨진다. 그 이유는 온도에 의한 단백질의 변성(수축) 때문인데, 수비드의 핵심 원리는 단백질의 변성 시작온도를 정확히 파악하여 적당한 온도와 시간을 조절하는 것이다.

어패류

CHAPTER 8

CHAPTER 8

어패류

어패류는 크게 어류와 패류로 나눌 수 있다. 어류는 지느러미가 있으며 뼈로 이루어진 골격이 있는 것을 말하고, 패류는 껍질이 있으며 무척추 골격을 갖는 것을 의미한다. 패류는 다시 갑각류, 조개류, 연체류로 분류할 수 있다. 어패류는 육류와 더불어 단백질이 풍부하고 육류를 구성하는 지방은 주로 포화지방산인 반면, 어패류는 불포화지방산 함량이 높은 특성이 있다.

1. 어패류의 분류

1) 어류

어류는 서식하는 장소에 따라 바닷물에 사는 해수어와 민물에 사는 담수어로 나눈다. 또한 살의 색에 따라 흰살생선과 붉은살생선으로도 나누는데 흰살생선은 지방 함량이 낮아 맛이 담백하며, 붉은살생선은 지방 함량이 높아 맛이 농후하다.

2) 갑각류

새우

갑각류는 외부를 단단한 껍질이 둘러싸고 있으며 마디마디 체절된 구조를 가지고 있는 절족동물의 일종이다. 갑각류에는 새우, 게, 꽃게, 가재 등이 있다.

3) 조개류

소라

조개류는 외부의 딱딱한 껍질이 내부의 연하고 절이 없는 조직을 둘러싸고 있다. 조개류에는 대합, 모시조개, 굴, 소라 등이 있다.

4) 연체류

문어

연체류는 몸이 부드럽고 마디가 없는 구조를 가지고 있다. 연체류에는 오징어, 문어, 낙지, 꼴뚜기 등이 있다.

2. 어류의 구조

어류는 머리, 동체, 꼬리의 세 부분으로 나누며 지느러미가 있다. 표면은 피부로 덮여 있으며, 피부는 표피와 진피로 구분된다. 일부 어종은 진피가 변한 비늘로 덮여 있다. 어류의 색은 표피와 진피 사이에 존재하는 색소세포와 비늘의 색소에 따라 달라진다.

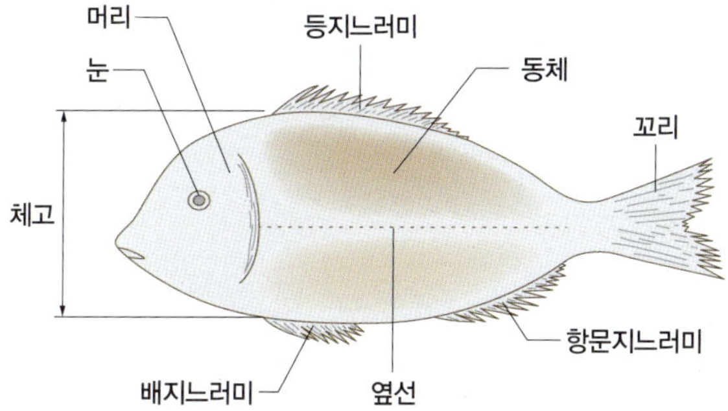

그림 8-1 어류의 구조

어류의 내장은 소화기관, 호흡기관, 생식기관 등이 있다. 내장은 효소 등이 많이 함유되어 있어 어육의 변패에 영향을 주므로 저장할 때에는 내장을 제거하는 것이 바람직하다.

어류의 근육도 근섬유가 모인 다발로 구성되어 있고, 몸통부터 꼬리까지가 주로 식용으로 이용된다.

어류는 등쪽과 배쪽이 나누어지는 부분에 암갈색의 근육이 있는데 이를 혈합육이라 한다. 혈합육은 미오글로빈 함량이 높아 암갈색을 나타내며 흰살생선보다는 붉은살생선에 혈합육이 발달되어 있다.

3. 어패류의 성분

1) 일반성분

(1) 수분

어패류의 수분은 약 66~84%로 육류에 비해 수분 함량이 높다.

(2) 단백질

어패류의 단백질은 육류와 유사한 아미노산으로 구성되고 약 17~20%를 함유하고 있다. 수조육류의 경우 단백가가 약 80이고 어패류는 약 68로 수조육류보다는 약간 낮으나 단백질의 좋은 급원식품이다. 특히 리신의 함량이 높아 리신이 부족한 곡류와 함께 섭취하면 영양적으로 상호 보완될 수 있다. 어육의 단백질은 근섬유의 길이가 짧고 결합조직 단백질 함량이 육류보다 적어 조직이 연한 특성을 갖는다.

(3) 지방

어류의 지방은 평균적으로 약 1~6%이지만 어류의 종류, 부위, 연령, 성별, 산란기 등에 따라 20%까지 달라진다. 지방은 배와 피하에 많고, 산란기에 그 함량이 더 증가한다. 지방은 전체적인 어육의 풍미에 영향을 끼친다.

어육을 구성하는 지방은 대부분 중성지방이며 불포화지방산 함량이 높아 육류의 지방과 달리 상온에서 액체 상태이다. 고등어, 꽁치와 같은 등푸른생선의 경우에는 EPA, DHA 함량이 높아 혈중 중성지방과 콜레스테롤을 감소시키는 역할을 하기도 한다.

(4) 탄수화물

어육은 소량의 글리코겐(약 0.2~1.0%)을 함유하며 포획시점부터 분해되기 시작하여 판매시점에는 거의 남아 있지 않다.

(5) 비타민과 무기질

어류의 간에는 비타민 A와 D가 많이 함유되어 있다. 조개류 등에는 비타민 B_1 분해효소가 들어 있어 생으로 섭취할 경우 비타민 B_1의 파괴가 일어날 수 있다.

어류에는 나트륨, 칼륨, 마그네슘, 인 등 다양한 무기질이 약 1~2% 함유되어 있다. 해수어의 경우 요오드가 담수어에 비해 많이 함유되어 있다.

2) 맛 성분

어패류에는 유리아미노산, 뉴클레오티드, 베타인 등 저분자량의 수용성 추출물들이 있어 구수한 감칠맛을 나타낸다.

(1) 유리아미노산

어패류에는 글리신, 알라닌, 글루탐산 등 유리아미노산이 많이 함유되어 있다.

(2) 뉴클레오티드

어류가 죽으면 근육 내의 ATP가 ADP, AMP, IMP, 이노신inosine, 하이포잔틴hypo-xanthin 순서로 분해된다. 이 중 ATP, AMP, IMP와 이노신은 감칠맛을 나타낸다. IMP와 이노신의 경우 단독으로도 감칠맛을 나타내나 ATP, AMP는 단독으로는 감칠맛을 내지 않고 글루탐산이 함께 존재하면 감칠맛을 나타낸다.

ATP → ADP → AMP → IMP (감칠맛 성분) → 이노신(inosine) (감칠맛 성분) → 하이포잔틴(hypoxanthine)

그림 8-2 **ATP의 분해 순서**

(3) 베타인

베타인은 어패류의 대표적인 감칠맛을 나타내는 저분자 질소화합물이다. 특히 오징어나 새우와 같은 연체동물과 갑각류에 많이 함유되어 있다.

(4) 유기산

어육의 맛에 관여하는 유기산으로는 숙신산, 젖산 등이 있다. 이 중 숙신산은 조개류의 주요한 맛 성분인데 계절에 따라 그 함량이 달라진다.

3) 냄새 성분

어류의 비린내는 선도에 따라 다르며 해수어와 담수어에 따라서도 달라진다.

해수어의 비린내는 트리메틸아민trimethyl amine, TMA에 의한 것이다. 해수어는 약한 단맛을 나타내는 트리메틸아민옥시드trimethyl amine oxide, TMAO를 함유하고 있는데, TMAO가 세균에 의해 환원되면 TMA이 되어 비린내가 생성되는데 부패할수록 TMA 생성이 많아져 비린내가 강해진다.

담수어의 비린내는 리신으로부터 생성된 피페리딘과 아세트알데히드의 축합에 의해 생성된다.

TMAO TMA

그림 8-3 **비린내의 생성과정**

4) 색소

어류 껍질의 붉은색은 주로 카로티노이드 색소에 의한 것이고, 검은색은 멜라닌 색소, 청록색은 프테린과 담즙 색소로 인해 나타난다. 갈치 등의 은색은 구아닌과 요산에 의한 침전물이 빛을 굴절, 반사하여 나타난다.

새우나 게와 같은 갑각류의 껍질에는 아스타잔틴과 단백질이 결합되어 청록색을 나타낸다. 이때 가열하면 단백질이 변성되면서 색소가 노출되어 적색을 띠고 산화되면서 아스타신으로 변화된다.

5) 기타

어패류의 독성은 체내에서 직접 생성되거나 유독 플랑크톤 등을 섭취하여 축적하면서 독을 함유하게 된다. 어류의 독 성분 중 가장 많이 알려진 것은 복어의 테트로도톡신tetrodotoxin이다. 테트로도톡신은 근육에는 거의 없으나 내장, 혈관, 난소 등에 많이 함유되어 있다. 복어독은 치사율이 60%이며, 가열에 의해서도 없어지지 않는다.

패류의 독성은 증상에 따라 마비성, 설사성, 신경마비성 등으로 분류하는데, 우리나라의 경우 마비성 패독이 주로 발생한다. 마비성 패독의 성분은 주로 삭시톡신과 고니오톡신에 의해 나타나고 주로 백합, 굴, 바지락 등을 먹고 발생한다. 조개류의 독성은 계절, 지역적 특성에 따라 발생 정도가 달라지는데, 매년 3~6월에 남해안 일대에서 주로 발생한다.

4. 어패류의 사후 변화

어패류의 사후 변화는 육류와 크게 차이가 없다. 생선도 육류와 마찬가지로 사후경직이 일어난다. 그러나 육류에 비해 저장된 글리코겐의 양이 적으므로 경직이 지속되는 시간은 육류에 비해 짧다. 어패류의 경우 사후경직이 끝나면 가수분해효소에 의해 자기분해가 일어나는데 생선은 사후경직이 시작되어 자가소화를 거쳐 부패에 이르는 시간이 짧다. 육류의 경우 자가소화가 충분히 진행되었을 때 질감과 맛이 좋으나, 생선은 자가소화가 진행되면 조직이 연해지고 풍미가 떨어진다. 따라서 일반적으로 생선은 사후경직 상태에 있을 때 가장 맛이 있다고 알려져 있으며, 생선을 잡은 후 바로 냉동하면 사후경직 시작을 연장시킬 수 있다.

5. 신선도 판정법

1) 관능적 판별법

신선한 어류는 몸체가 단단하여 손으로 눌러도 자국이 생기지 않고 선도가 떨어지면 탄력성이 없어진다. 생선의 복부는 선도가 저하되면 가장 빠르게 연화가 진행되며 내장이 밖으로 나오게 된다. 어피의 색은 선명하고 광택이 있는 것이 신선하다. 아가미는 색이 선명한 적색이고, 선도가 떨어지면 회색을 띠며 윤기가 없어진다. 안구는 투명하며 움푹 들어가지 않는 것이 신선하다. 또한 오래된 생선은 살이 뼈에서 쉽게 분리된다.

2) 이화학적 판별법

생선이 선도가 저하되어 부패되면서 생성되는 성분인 암모니아, 트리메틸아민, 휘발성 염기질소 등의 함량을 측정하여 신선한 정도를 판단하는 방법이다.

암모니아는 30mg%, 트리메틸아민TMA 4~6mg%, 휘발성 염기질소 30~40mg% 이상이면 부패어로 판단할 수 있다.

이외에도 pH를 통해 신선도를 판단할 수 있는데 신선한 생선의 pH는 7.0 정도이나 사후경직 상태에서는 5.4~5.6 정도로 저하되고, 자가소화 이후 선도가 떨어짐에 따라 pH가 증가되어 약 6.2~6.5 정도에 이르면 초기 부패로 판단할 수 있다.

3) 미생물학적 판별법

어체의 세균수를 측정하여 선도를 판정하는 방법으로 1g의 근육에 세균수가 10^5 이하일 때 신선하며, 10^5~10^6이면 초기 부패, 10^6 이상이면 부패 상태로 판단할 수 있다.

6. 어패류의 조리에 의한 변화

1) 염에 의한 변화

생선에 소금을 가하면 삼투압에 의해 소금이 어육 속으로 침투하게 된다. 이때 어육에 있는 염용성 단백질이 용출되는데, 소금 농도가 2~6%일 때 염용성 단백질 중 액틴과 미오신이 용출되며 서로 결합하여 액토미오신을 형성한다. 이때 소금의 농도가 15% 이상으로 증가하면 단백질의 용출은 줄어들고 어육 단백질의 응고가 일어나 탄력성이 떨어진다. 용출된 액토미오신은 표면에 수분이 흡착되며 점도가 높은 졸sol이 형성되고, 액토미오신 사이의 망상 구조가 발달되면 점도가 낮아져 젤gel이 형성된다. 이러한 원리를 이용하여 어묵을 만든다.

2) 산에 의한 변화

산은 신맛을 나타내어 식욕을 돋우며, 생선에 산을 가하면 산이 단백질을 변성시켜 응고되므로 살이 단단해진다. 또한 생선의 비린내 성분인 트리메틸아민은 염기성 성분이므로 산을 가하면 중화되어 비린내가 제거된다. 또한 산은 pH를 저하시켜 살균효과를 나타내기도 한다.

3) 가열에 의한 변화

생선을 가열하면 어육 중의 근육단백질이 응고, 수축하여 살이 단단해진다. 근육 단백질의 수축으로 탈수반응이 일어나 중량이 감소되는데 이때 지미 성분도 함께 용출된다. 또한 껍질에 함유되어 있는 결합조직 단백질인 콜라겐이 가열에 의해 수축되고, 껍질이 수축됨에 따라 진피층 밑에 있던 지방이 용해되어 빠져나온다.

생선은 가열하면 프라이팬에 들러붙는데 이러한 현상을 열 응착성이라 한다. 어육이 열 응착성을 나타내는 이유는 함유되어 있는 미오겐 단백질 때문이다. 미오겐 단백질은 가열하면 다른 물질과 결합할 수 있는 활성기가 많이 노출되어 프라이팬의 금속이온과 반응하여 들러붙게 된다.

7. 어패류의 비린내 제거

1) 세척

어패류의 비린내 주요 성분은 트리메틸아민으로 수용성 성분이다. 따라서 물에 씻는 것으로도 비린내를 제거할 수 있다. 비린내 성분은 표피에 많으므로 흐르는 물에 표피, 아가미, 내장 순으로 깨끗이 씻는다.

2) 산 첨가

비린내 성분인 트리메틸아민은 염기성 성분으로 산을 첨가하면 비린내 성분이 중화되어 냄새를 약화시킬 수 있다.

3) 우유

생선을 우유에 담그면 우유의 카제인 단백질이 비린내 성분인 트리메틸아민을 흡착하여 생선의 비린내를 감소시킨다. 우유는 흡착을 통해 비린내를 감소시키므로 비린내 제거에 사용한 우유는 조리에 재사용하지 않는다.

4) 향신료

마늘, 파, 양파 등과 같은 향신료를 첨가하면 향신료의 강한 향으로 비린내를 덮어 비린내를 감지하는 정도를 약화시킨다.

생강의 경우 트리메틸아민과 결합하여 비린내가 나지 않는 성분으로 변하는 반응을 통해 비린내를 제거해 준다. 그러나 생강의 비린내 제거 성분은 단백질과 반응하면 냄새 제거효과가 없어지므로 단백질을 변성시킨 후에 사용해야 비린내 제거효과를 얻을 수 있다.

고추는 강한 매운맛을 가지고 있어 강한 맛을 통해 혀를 마비시켜 비린맛을 감지하는 정도를 약화시킨다.

8. 어패류의 조리

1) 전처리

생선 표면의 점액에 먼지, 세균, 불순물 등이 섞여 있다. 또 갓 잡은 생선의 표면에는 1g당 약 1,000개의 세균이 붙어 있다. 따라서 먼저 생선은 물로 씻어 불순물을 제거하고 비늘, 아가미, 내장 등을 제거한 후 연한 소금물에 깨끗이 씻는다.

조개류는 내부에 모래 등을 갖고 있으므로 모래를 토해 내게 해야 한다. 조개를 해수와 비슷한 조건의 약 2%의 소금물에 1~2시간 담그면 모래와 뻘 등을 토해 낸다.

해감을 할 때는?

해감을 할 때는 약 2%의 소금물을 사용하는데 바닷물이 3%의 소금용액이므로 바닷물보다 높은 농도의 소금물을 이용하면 조갯살이 탈수되어 질겨지는 특성이 있다.

2) 구이

생선을 굽는 방법에는 직접구이법과 간접구이법이 있다. 직접구이는 불에 직접 생선을 굽는 방법이고, 간접구이는 오븐이나 프라이팬을 이용한 구이법이다. 또한 조미하는 방법에 따라 소금구이와 양념구이로 나눌 수 있다. 흰살생선은 소금구이가 좋고, 지방 함량이 높은 붉은살생선은 양념구이가 적당하다.

3) 조림

흰살생선과 붉은살생선은 조림의 방법에 차이가 있다. 흰살생선은 비린내가 적고 살이 잘 부스러지므로 최소한의 양념과 최소한의 조리를 하는 것이 좋고, 붉은살생선은 비린내가 강하고 살이 단단하므로 강한 양념을 이용하여 조리하는 것이 좋다.

4) 회

활어를 손질하여 납작하게 썰어 초고추장이나 고추냉이(와사비) 등과 곁들여 생식하는 것으로 위생상 안전하게 다루도록 주의해야 한다.

5) 전유어

전유어는 생선살을 얇게 저며 소금과 후추로 밑간을 한 후 밀가루를 묻히고 달걀물에 적셔 지지는 조리이다. 전유어는 일반적으로 흰살생선을 이용한다.

생선회를 먹을 때는?

생선회를 먹을 때 회 밑에 무채가 깔린 경우를 볼 수 있는데, 무채로 인해 푸짐해 보이는 효과도 있지만 무채가 생선의 비린내를 잡아준다. 생선회와 같이 먹게 되는 고추냉이 역시 비린내를 잡아주는 역할을 한다. 또한 회를 먹을 때 레몬즙을 위에 뿌려주면 레몬즙의 산성으로 인해 생선 단백질이 응고하여 탄력이 있는 육질이 된다.

난류

CHAPTER 9

CHAPTER 9 난류

난류 중 식용으로 섭취하는 알에는 달걀, 오리알, 메추리알, 칠면조알 등이 있다. 이 중 우리는 달걀을 가장 많이 사용하고 있다. 달걀은 양질의 단백질을 많이 함유하고 있어 좋은 단백질 급원이 되는 식품이며 조리방법도 다양하게 개발되어 있다.

1. 달걀의 구조

달걀의 구조는 그림 9-1에서 보는 바와 같이 난각, 난각막, 난백, 난황 등으로 구성되어 있다.

1) 난각

난각(껍질)은 주로 탄산칼슘으로 이루어진 조직으로 내부를 보호하는 역할을 하며 전체의 약 10~12%를 차지하고 있다. 난각은 또한 눈으로는 구별할 수 없지만 많은 미세한 구멍이 있어 이 구멍을 통해 수분과 이산화탄소 등이 휘발된다.

산란 직후 신선란의 난각은 까끌까끌한 특징이 있는데 이는 큐티클cuticle층 때문이다.

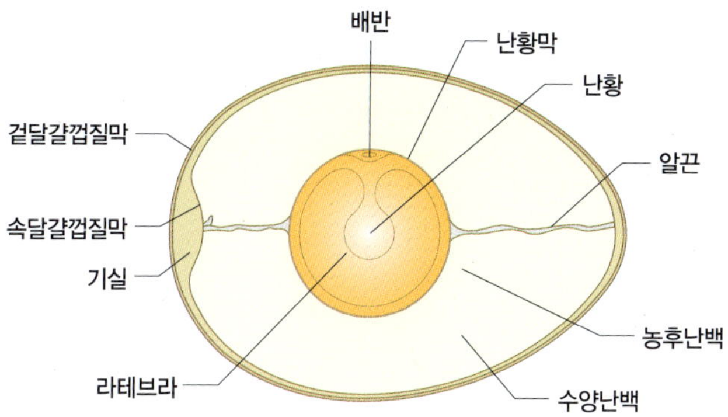

그림 9-1 **달걀의 구조**

달걀의 색은 백색과 연갈색으로 나눌 수 있는데 이는 닭의 품종에 따른 특성으로 달걀의 품질이나 영양성분 등과는 관계가 없다.

2) 난각막

난각막(속껍질)은 달걀 난각의 안쪽에 있으며 밀착된 두 겹의 막으로 이루어져 있고, 바깥쪽은 난각에 단단히 부착되어 있다. 산란 이후 시간이 경과함에 따라 내부의 수분 등이 증발되면서 내용물이 수축되어 두 개의 막이 분리되고 달걀의 넓적한 쪽으로 틈이 벌어지는데 이 틈을 기실이라고 한다. 기실은 저장함에 따라 점차 넓어져 이를 이용해 달걀의 신선한 정도를 판단하는 데 이용한다.

3) 난백

난백(흰자)은 달걀 전체 중 약 55~60% 정도를 차지하고 있다. 난백은 점도가 높은 농후난백(된난백)과 점도가 낮은 수양난백(묽은난백)으로 구성되어 있다. 수양난백은 난황 주위에 분포하는 내수양난백과 껍질 쪽에 분포하는 외수양난백이 있으며, 농후난백은 내수양난백 주위에 분포하고 있다.

신선할 때 농후난백과 수양난백의 비율은 약 60:40 정도이며, 시간이 경과함에 따라 농후난백은 감소하고 수양난백은 증가한다.

난백의 양 끝 부분에는 꼬임이 있는 알끈이 존재하는데 알끈은 난황을 중앙에 고정하는 역할을 한다.

4) 난황

난황(노른자)은 전체의 약 30~33%를 차지하고 있으며, 난황막으로 둘러싸여 있고 알끈에 의해 중앙에 위치하고 있다. 시간이 경과함에 따라 난황막이 약해져 쉽게 터지는 현상이 관찰된다.

2. 달걀의 구성 성분

1) 단백질

달걀 단백질은 단백가가 100인 완전단백질 식품이다.

난백의 경우 약 90%가 수분이며 약 10% 정도가 단백질로 구성되어 있다. 난백 단백질 중 오브알부민이 약 2/3 정도로 가장 많이 함유되어 있으며, 콘알부민이 약 13%를 함유하고 있다. 이외에 오보뮤코이드는 트립신과 결합하여 트립신의 작용을 억제하는 특성을 나타내며, 리소자임은 용균작용을 갖고 있다. 오보뮤신과 오보글로불린은 기포의 형성과 안정성에 영향을 준다.

난황은 약 50%가 수분이고 고형분 중에서는 단백질이 약 33% 함유되어 있다. 난황 단백질의 대부분은 인단백이 지질과 결합된 형태로 존재하며 리포비텔린lipovitellin, 리

표 9-1 달걀의 구성 성분

(가식부 100g당)

성분	열량 (kcal)	수분 (%)	단백질 (g)	지방 (g)	당류 (g)	회분 (g)	무기질			비타민			콜레스테롤 (mg)
							칼슘 (mg)	인 (mg)	철 (mg)	A (RE)	B_1 (mg)	B_2 (mg)	
전란	136	77.1	12.91	8.25	0.11	0.95	47	173	1.92	121	0.069	0.322	303.31
난백	50	87.7	11.46	0.05	0.12	0.65	6	15	0.01	0	0	0.41	0.36
난황	326	51.7	15.66	25.18	0.04	1.70	149	535	5.92	429	0.236	0.475	670.02

출처 : 농촌진흥청 국립농업과학원. 국가표준식품성분표 제10개정판, 2021.

포비텔리닌lipovitellinin이 주요하게 함유되어 있다.

2) 지방

지방은 약 11%를 함유하고 있으며 난백은 지방이 거의 함유되어 있지 않고 지방의 대부분은 난황에 함유되어 있다. 난황의 지방은 대부분 인지질이며, 인지질의 대부분은 레시틴으로 식품의 유화에 관여한다.

3) 탄수화물

탄수화물은 난백과 난황에 약 1% 정도 함유하고 있으며, 글루코스, 만노스, 갈락토스 등이 있다.

4) 무기질

달걀에는 인P과 황S 함량이 풍부하며, 난황 중에 함유되어 있는 철Fe은 흡수율이 높다.

5) 비타민과 색소

달걀의 비타민은 주로 난황에 함유되어 있다. 난황은 비타민 A가 풍부하며, 난백에는 비타민 B_2가 많이 함유되어 있다. 난황의 노란색은 카로티노이드 색소로 루테인lutein과 제아잔틴zeaxanthin에 의해 나타난다.

3. 달걀의 품질

달걀의 품질은 크기, 외관 및 신선도에 따라 분류된다.

(1) 무게

우리나라의 경우 달걀을 무게에 따라 분류하고 있다. 무게가 68g 이상이면 왕란,

달걀 보관법

달걀 껍질은 다공질성의 구조를 갖고 있는데 기공들이 주로 달걀의 둥근 둔단부에 몰려 있다. 따라서 보관할 때 뾰족한 부분을 밑으로 하고 둔단부를 위로 가게 보관하면 기공을 통한 호흡을 하고 탄산가스도 잘 배출되어 신선도를 잘 유지할 수 있다.

61~67g은 특란, 52~59g은 대란, 44~51g은 중란, 44g 미만은 소란으로 분류한다.

(2) 외관검사

달걀의 품질은 껍질의 상태에 따라서도 분류하며, 신선란은 껍질이 까끌까끌하며 광택이 없고 저장함에 따라 껍질이 매끈해지고 광택이 있다.

(3) 투시법

어두운 곳에서 달걀에 빛을 투과하면 달걀이 비쳐 내부를 관찰할 수 있다. 이에 기실의 크기, 난황의 위치 등을 파악하여 달걀의 신선한 정도를 판단할 수 있다.

(4) 비중법

신선한 달걀은 비중이 1.08~1.09이며 저장함에 따라 수분이 증발되어 비중이 감소한다. 따라서 그림 9-2와 같이 3~4%의 식염수에 달걀을 넣으면 저장기간이 오래된 달걀일수록 위로 떠오르는 것을 관찰할 수 있다.

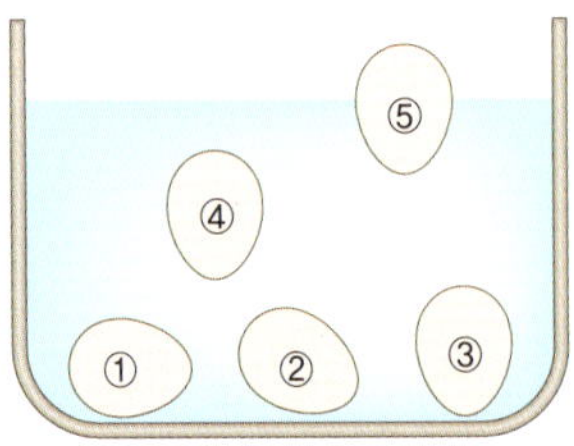

① 산란 직후의 신선한 것
② 1주일 경과된 것
③ 보통 상태
④ 오래된 것
⑤ 부패한 것

그림 9-2 비중에 따른 달걀의 신선도 판정

(5) 난황계수

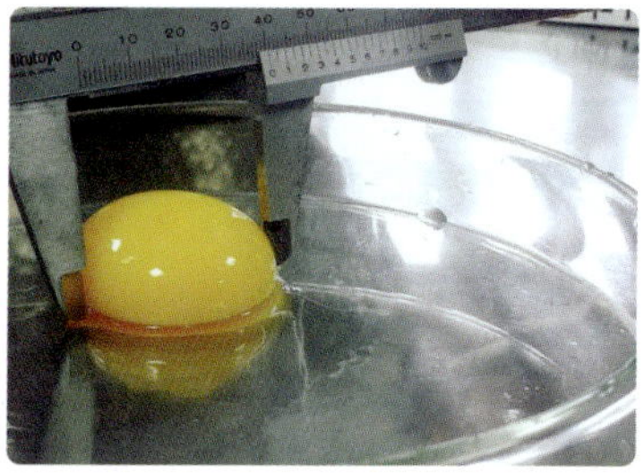

난황계수yolk index는 달걀을 편평한 판 위에 깨뜨렸을 때 난황의 높이를 지름으로 나눈 값으로 구한다.

신선란의 경우 난황계수는 0.36~0.44 정도이며 저장함에 따라 그 값이 감소하고, 난황계수가 0.25 이하가 되면 달걀을 깨뜨렸을 때 난황이 터지기 쉬운 상태이다.

(6) 난백계수

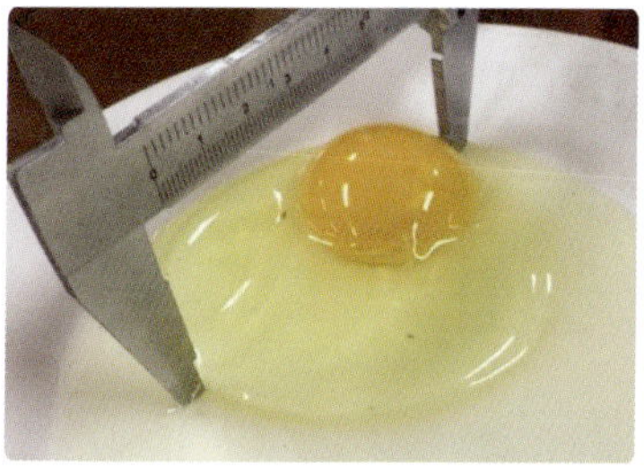

난백계수albumin index도 난황계수와 같이 달걀을 편평한 판 위에 깨뜨렸을 때 난백의 가장 높은 부분의 높이를 지름으로 나눈 값으로 구한다.

신선란의 경우 난백계수는 0.14~0.17이며 저장하면서 감소하는 경향을 나타낸다.

(7) 호우단위

호우단위haugh unit, HU는 달걀의 무게와 높이를 이용하여 측정하는 방법으로 국제적으로 가장 널리 사용되는 방법이다.

신선란의 경우 호우단위는 약 85~90이며, 신선도가 감소함에 따라 그 값도 감소한다.

- 난황계수yolk index $= \dfrac{\text{난황의 가장 높은 부분의 높이}}{\text{난황의 평균 지름}}$
- 난백계수albumin index $= \dfrac{\text{난백의 가장 높은 부분의 높이}}{\text{난백의 평균 지름}}$
- $HU = 100 \log(H - 1.7W^{0.37} + 7.6)$

  H : 농후난백의 높이(mm), W : 달걀의 무게(g)

4. 달걀의 저장 중 변화

1) 겉껍질

신선란의 겉껍질은 큐티클층으로 인해 까끌까끌하지만 저장함에 따라 매끈해진다. 또한 껍질에 있는 구멍을 통해 수분과 이산화탄소가 증발되면서 비중이 점차적으로 감소하는 경향을 나타낸다.

2) 난백

신선란의 경우 된난백:묽은난백의 비율이 6:4 정도이나, 저장할수록 된난백이 묽어져 된난백은 감소하고 묽은난백은 증가하는 경향이 나타난다. 이에 따라 난백계수의 값도 저장할수록 감소한다.

3) 난황

저장할수록 난황막을 통해 난백에 있던 수분이 난황으로 이동하여 난황이 커지고, 난황막은 탄력성을 잃어 노른자가 납작해진다. 이에 따라 난황계수의 값이 저장기간에 따라 감소하게 된다.

4) 기실

산란 직후에는 밀착되어 있던 기실이 저장기간에 따라 점차 커진다.

5) pH

신선한 난백의 pH는 7.3~7.5 정도이며 저장할수록 이산화탄소가 기공을 통해 증발하면서 pH가 증가한다. 난백의 pH가 알칼리로 기울어지면 된난백이 묽어지고 색이 담황색으로 변하게 된다. 신선한 난황의 pH는 약 5.9~6.1이며, 난황의 pH 또한 저장기간에 따라 증가하여 약 6.8까지 높아진다.

5. 달걀의 조리 특성

1) 열 응고성

달걀은 가열하면 응고가 되는데 이는 달걀을 구성하는 주요 성분인 단백질이 열에 의해 변성되어 나타나는 현상이다.

달걀의 열 응고성은 난백과 난황이 다소 다른 특성을 나타낸다. 난백의 경우 약 60℃에서 응고가 시작하여 65℃에서 응고가 완료되고, 난황은 약 65℃에서 응고가 시작되어 70℃에서 응고가 완료된다. 이러한 난백과 난황의 응고온도의 차이로 반숙과 완숙 등의 조리가 가능하다.

(1) 열 응고성에 영향을 미치는 요인

① 달걀의 희석 정도

달걀에 물을 넣어 희석하면 달걀의 응고성이 감소되어 응고가 잘 일어나지 않는다. 따라서 희석을 할수록 응고온도가 올라가며 응고물의 상태는 부드러워진다.

② 가열온도와 시간

달걀을 응고시킬 때 가열하는 온도와 시간에 따라 응고속도와 응고물의 상태가 달라진다. 고온에서 가열하면 응고에 걸리는 시간은 짧고 응고물은 단단하며 질긴 상태가 된다. 저온에서 가열하면 응고에 걸리는 시간은 길고 응고물은 부드러운 상태가 된다.

달걀을 완전히 응고시켜 완숙을 만들 때 가열온도가 낮을수록 응고시간이 길어지는데, 가열온도가 98~100℃이면 약 12분, 85~90℃에서는 25~35분이 소요되고 70℃에서 가열하는 경우 완숙까지 약 90분이 걸린다.

③ 첨가물

달걀에 설탕을 첨가하면 응고가 방해되어 응고온도가 높아지며 응고물의 상태는 부드러운 특성을 나타낸다. Na^{+}나 Ca^{2+} 등의 염을 첨가하면 달걀의 응고가 촉진되어 응고물이 단단해진다. 달걀에 소금이나 우유를 첨가하여 쉽게 응고되는 것은 이러한 염으로 인해 응고가 촉진되기 때문이다.

달걀찜을 할 때 설탕을 넣으면 어떻게 될까?

달걀찜을 할 때 설탕을 첨가하면 응고가 지연되지만 만들어진 달걀찜은 표면도 매끈하고 부드러워진다.

④ pH

달걀에 산을 첨가하면 낮은 온도에서 응고가 일어나며 응고물이 단단하다. 이는 달걀의 주단백질인 알부민은 등전점이 pH 4.8 부근으로 산을 첨가하여 등전점 부근으로 맞춰지면 60℃ 전후에서 응고가 잘 일어나게 된다. 그러나 등전점에서 pH가 멀어지면 응고가 잘 일어나지 않는데 pH가 4.39일 때는 응고가 약 80℃에서 일어나고, 4 이하가 되면 응고가 잘 되지 않는다.

2) 기포성

달걀을 저으면 거품이 형성되는데 이러한 특성을 달걀의 기포성이라고 한다. 달걀의 기포성은 주로 난백으로 인한 특성이며, 난백을 구성하는 단백질로 인해 나타나는 특성이다. 난백단백질 중 오보글로불린은 거품을 형성하는데 주로 기여하고, 오보뮤신은 형성된 거품을 유지하는 안정성에 기여한다.

난백의 기포성은 거품이 잘 만들어지는지에 대한 형성 능력과 만들어진 거품이 잘 유지되는지에 대한 안정성으로 파악한다.

(1) 기포성에 영향을 미치는 요인

① 달걀의 신선도

난백이 묽으면 점도가 낮아 기포를 쉽게 형성할 수 있어 형성 능력은 좋으나 안정성은 떨어지고, 난백이 되직하면 점도가 높아 기포 형성은 어려우나 안정성은 높다. 따라서 신선한 달걀은 된난백이 많으므로 기포 형성은 어려우나 안정성은 높고, 저장란은 점도가 낮아 기포는 쉽게 형성되나 기포의 안정성은 떨어진다.

② 온도

난백의 온도가 높을수록 거품이 쉽게 형성된다. 그러나 온도가 높아지면 점도가 낮아져 기포 형성 능력은 높아지지만 안정성이 낮다. 온도가 낮으면 점도가 높아 거품을 만들기는 어렵지만 안정성이 높다. 난백은 온도가 30℃ 전후일 때 기포 형성력과 안정성이 좋으므로 달걀을 냉장 보관한 후 거품을 낼 때는 실온이 된 다음 거품을 내는 것이 좋다.

③ pH

난백에 산을 첨가하면 주요 단백질인 오브알부민의 등전점인 pH 4.8 부근에서 기포성이 가장 크다.

④ 첨가물

난백에 설탕을 첨가하면 난백의 점성을 증가시켜 기포 형성 능력은 떨어지나 안정성은 높아진다. 기름은 소량이라도 거품이 형성되는 것을 방해하고 거품의 안정성 또한 떨어뜨린다.

⑤ 그릇의 크기와 모양

그릇은 밑면이 좁고 둥글고 윗부분이 밑면보다 넓은 것이 거품을 더 효과적으로 만들 수 있다.

⑥ 거품기의 종류

거품기는 크게 수동식과 전동식으로 나눌 수 있다. 수동식을 사용하면 거품의 부피는 크지만 묽고, 전동식은 부피는 다소 적으나 거품이 더 많이 생성된다. 거품기의 날은 얇고 가늘수록 기포성이 크다.

(2) 기포 형성과 단계에 따른 기포의 용도

난백의 기포성은 교반 정도에 따라 표 9-2와 같이 4단계로 나뉜다.

표 9-2 난백의 교반에 따른 거품의 단계

단계	특성	거품기 그림	기포형태
1단계 (foamy)	기포는 크나 균일하고 투명하며 유동성이 있는 단계	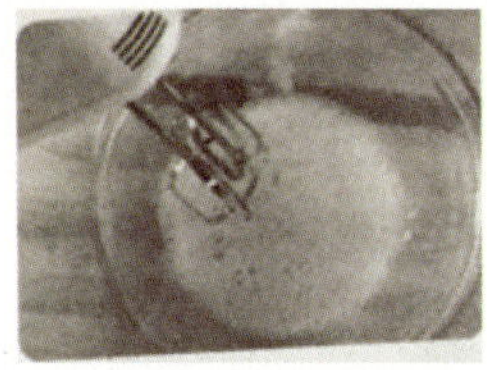	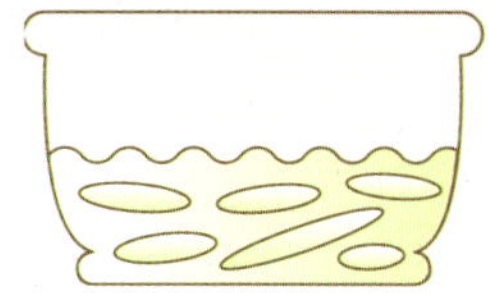
2단계 (soft peaks)	기포가 작아지고 희어지며 안정감이 있으나 그릇을 기울이면 쉽게 흘러내림. 교반기를 올리면 기포 끝이 꼬부라지며 안정성은 다소 낮으나 기포력은 가장 높은 단계	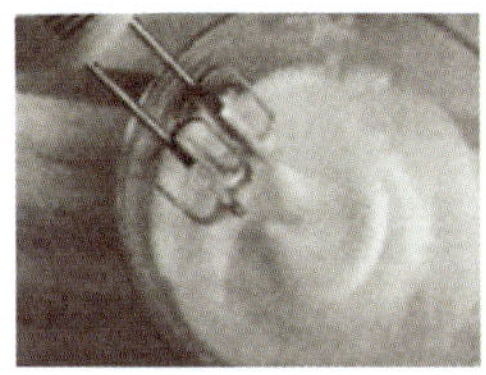	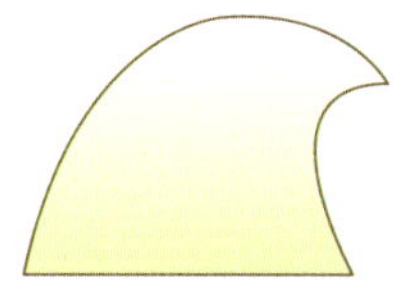
3단계 (stiff peaks)	기포가 미세하고 매우 안정감이 있으며 탄력이 있음. 교반기를 올리면 끝만 약간 꼬부라지는 단계	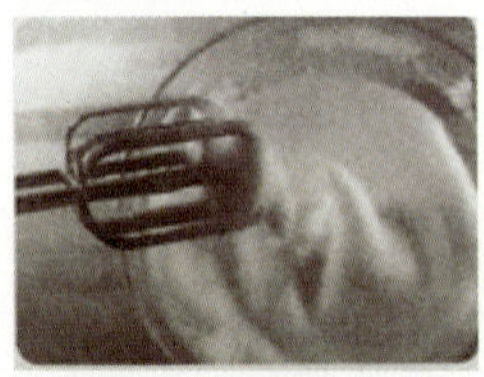	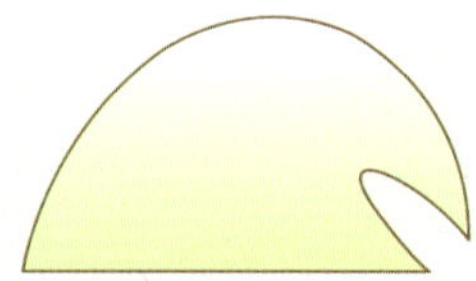
4단계 (dry peaks)	기포는 단단하지만 탄력성이 없음. 교반기를 들어올리면 끝이 뾰족하게 일어서는 단계	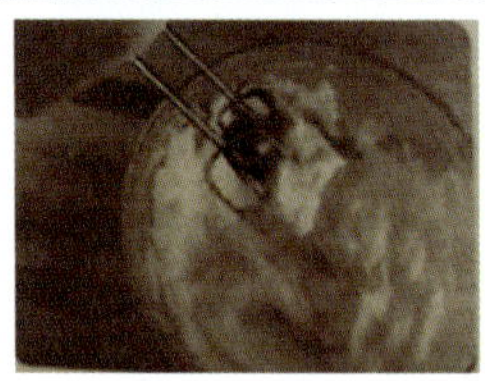	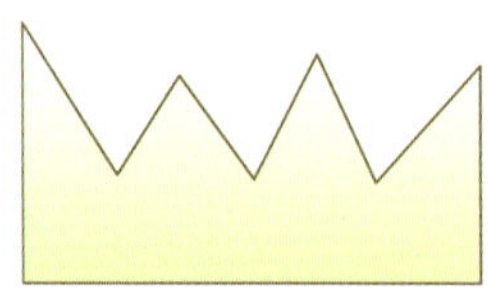

출처 : 이주희 외, 과학으로 풀어쓴 식품과 조리원리, 2014.

3) 유화성

달걀은 유화성을 갖고 있으며 유화성은 난황이 난백에 비해 4배 정도 크다. 난황의 유화성은 난황에 함유되어 있는 레시틴과 단백질이 결합한 레시토프로테인에 의해 형성된다. 레시틴은 친수성기와 소수성기를 모두 갖고 있어 안정적인 유화제로 작용할 수 있다. 이러한 난황의 유화성을 이용한 대표적인 식품이 마요네즈이다.

6. 달걀의 녹변현상

달걀을 삶으면 흰자와 노른자 사이의 노른자 표면이 검푸른색이 된 것을 녹변현상이라 한다.

달걀의 녹변현상은 달걀을 가열하면 난백 단백질 중 시스테인이나 메티오닌과 같이 함황 단백질에서 황이 분리되어 황화수소hydrogen sulfide, H_2S를 형성한다. 외부로부터 가열이 계속되면 외부 압력은 높고 내부 압력은 낮으므로 황화수소가 압력이 낮은 내부 난황 쪽으로 이동하게 된다. 황화수소가 난황에 도달하면 난황에 함유되어 있는 철 Fe과 결합하는 반응이 일어나 황화제1철FeS을 형성하는데 이 황화제1철이 검푸른색을 나타낸다.

황화제1철의 생성은 달걀의 pH에 따라 달라진다. 난백의 pH가 알칼리일수록 난백 단백질로부터 황이 쉽게 분리되어 황화제1철의 생성이 증가한다. 따라서 달걀은 산란 후 저장기간이 길어짐에 따라 알칼리로 진행되므로 황화제1철은 신선란보다 저장란에서 많이 생성된다. 또한 황화제1철은 가열온도가 높고 시간이 길어질 때 생성량이 많아진다.

녹변현상을 억제하려면 끓는 물에서 15분 이내로 가열한 뒤 즉시 냉수에 담가주면 황화제1철의 생성을 억제할 수 있다. 이는 삶은 달걀을 냉수에 담그면 내부보다 외부 압력이 낮아져 가열 시 내부로 이동하던 황화수소가 더 낮은 압력인 외부로 이동하여 난황에 도달하지 않게 되어 황화제1철의 생성이 억제된다. 이때 가열시간이 길어지면 이미 가열 중 황화수소가 난황에 도달하였기 때문에 녹변현상을 억제하기는 어렵다.

정상

녹변현상

그림 9-3 **달걀의 녹변현상**

7. 달걀의 조리

1) 삶은 달걀

달걀은 난백과 난황의 응고온도가 달라 가열온도와 시간을 조절하면 완숙란, 반숙란 등으로 조리할 수 있다. 이때 가열온도가 높아짐에 따라 응고시간은 짧아지지만 응고물이 단단해지므로 가열온도와 시간의 조절이 필요하다.

삶은 달걀의 껍질을 벗기는 것의 쉽고 어려움은 난백의 pH에 따라 달라진다. 난백의 pH가 8.9 이하일 때 난백은 껍질에 붙는 경향이 있다. 신선란의 경우 pH가 7.6 정도이며 저장할수록 9.5까지 상승하게 된다. 따라서 달걀이 신선할수록 껍질이 잘 까지지 않는다. 이때 달걀을 삶은 후 즉시 찬물에 담그면 난백이 수축하여 껍질 사이의 미세한 틈이 생겨 껍질이 잘 벗겨진다.

2) 달걀찜

달걀찜은 달걀을 물에 희석하여 중탕으로 익힌다. 이때 달걀찜은 물의 첨가량, 가열시간, 가열온도 등에 따라 달라진다. 가열온도가 높고 가열시간이 길어질수록 달걀찜

프라이드 에그의 종류

- 서니 사이드 업(sunny side up) : 달걀의 한쪽 부분만을 익힌 반숙 요리
- 오버 이지(over easy) : 달걀 프라이를 앞뒤 모두 익히고 안쪽 노른자는 익지 않은 상태
- 오버 하드(over hard) : 달걀 프라이를 앞뒤 모두 익히고 노른자도 익은 상태
- 오버 미디움(over medium) : 달걀 프라이를 앞뒤 모두 익히고 노른자는 반 정도 익은 상태

서니 사이드 업

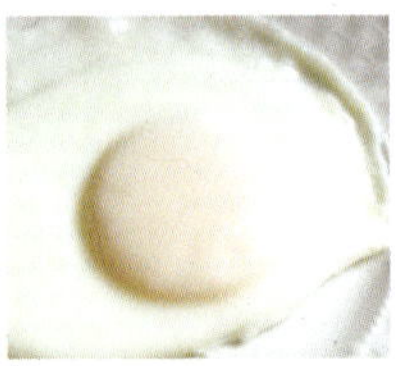
오버 이지

오버 하드

오버 미디움

은 단단해진다. 달걀의 농도는 20% 정도 희석하고 가열온도는 90℃를 유지하여 내부 온도가 약 80℃가 될 때 좋은 달걀찜이 만들어진다.

달걀찜

3) 수란

수란은 85℃의 뜨거운 물에 달걀을 깨뜨려 넣고 뚜껑을 덮은 후 4~6분간 유지시켜 응고하는 조리이다. 이때 약간의 식초나 소금을 첨가하면 난백이 좀 더 잘 응고된다.

4) 커스터드

커스터드는 달걀의 열 응고성을 이용한 대표적인 음식이다. 커스터드는 달걀에 설탕, 우유 등을 섞어 잘 풀어준 후 가열하여 만든다. 이때 85~90℃에서 중탕 가열하여 만든 것이 부드러운 커스터드soft custard이고, 177℃의 오븐에서 구워 만든 것이 구운 커스터드baked custard이다.

5) 머랭

머랭

머랭은 달걀의 기포성을 이용한 대표적인 음식으로 달걀 흰자에 설탕과 약간의 향신료를 넣어 충분히 거품을 낸 뒤에 낮은 온도의 오븐에서 구워 만든다.

우유 및 유제품

CHAPTER 10

1. 우유의 성분
2. 우유의 특성
3. 우유의 조리 시 변화
4. 우유 및 우유 가공품의 종류
5. 우유 및 유제품의 선택

CHAPTER 10

우유 및 유제품

우유cow's milk는 가장 널리 이용되는 포유동물의 유즙으로 기원전 4000년경부터 식품으로 이용되었다. 우유는 단백질과 칼슘이 풍부하고 영양적으로도 우수한 식품으로 오래전부터 건강식품으로 인식되어 왔다. 특히 우유는 칼슘 함량이 높을 뿐 아니라 흡수되기 쉬운 상태로 존재하는 좋은 급원이다.

1. 우유의 성분

우유의 성분은 품종, 사료, 계절 등에 따라 차이를 보인다. 우유의 대부분은 수분으로 87~88% 정도를 차지하고, 단백질 2.7~4.4%, 지질 3~4%, 탄수화물 4.5~5.5%, 무기질 0.5~1.0%이다.

크림을 제거한 무지방우유에 산을 첨가하여 pH 4.6으로 조절하면 카제인 단백질이 응고, 침전하여 부드러운 응고물을 만들며, 이때 응고되지 않은 부분을 유청whey이라고 한다. 유청에는 단백질과 락토스, 비타민, 무기질 등이 존재한다 그림 10-1.

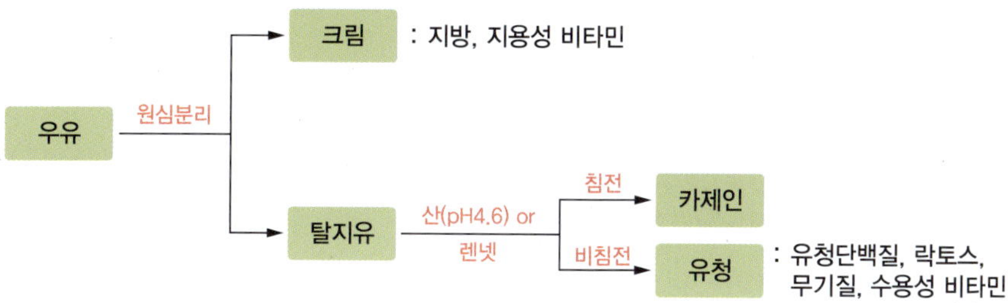

그림 10-1 **우유의 조성**

1) 단백질

우유 단백질의 대부분은 카제인으로 유단백질의 80% 정도 함유되어 있다. 카제인은 인산을 함유한 인단백질로 칼슘과 결합여 미셀을 형성하고 있다. 카제인에는 α-, β-, κ-, γ-카제인 등이 있으며 이 중 소수성인 α-, β-카제인은 미셀의 안쪽에, 친수성인 κ-카제인은 바깥쪽에 위치하여 안정한 콜로이드 상태로 존재한다. 유단백의 20% 정도를 차지하는 유청단백질에는 α-락트알부민, β-락토글로불린 등이 있으며, 열에 민감하다.

2) 지질

우유의 지질 함량은 품종에 따라 차이가 있어 5% 이상의 높은 지질을 함유하기도 한다. 유지질의 대부분을 차지하는 것은 중성지방이며 당지질, 인지질, 스테롤 등도 소량 함유하고 있다. 구성 지방산은 탄소수가 4~10개인 저급지방산이 대부분으로 소화, 흡수가 잘되지만 우유 변질 시 이들에 의해 독특한 냄새가 난다. 우유의 지질은 지방구 형태로 존재하며 각 지방구는 지방구 막으로 둘러싸여 있다. 착유 후 그대로 장시간 방치하면 지방구가 서서히 떠올라 크림층을 형성하는 크리밍이 발생한다. 지방구의 크기를 미세하게 조절하는 균질화과정을 통해 크리밍을 방지할 수 있다.

크리밍 현상과 우유의 균질화

균질화는 강한 압력하에서 우유를 작은 구멍에 통과시켜 큰 지방구를 직경 1㎛ 정도의 작고 미세한 지방구로 만드는 과정이다. 균질화하면 지방층이 분리되는 크리밍 현상이 억제되고 점성이 증가하여 맛이 부드럽고 더 하얀 색을 띠며 소화·흡수가 잘 된다. 한편 표면적 증가로 지방이 산화되기 쉬워 산패취가 더 잘 발생할 수 있다.

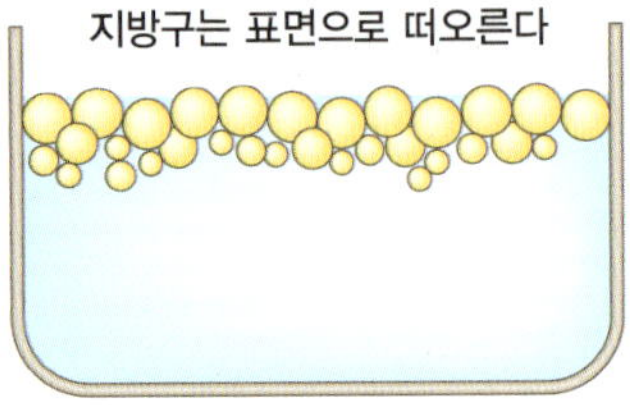

크리밍 현상

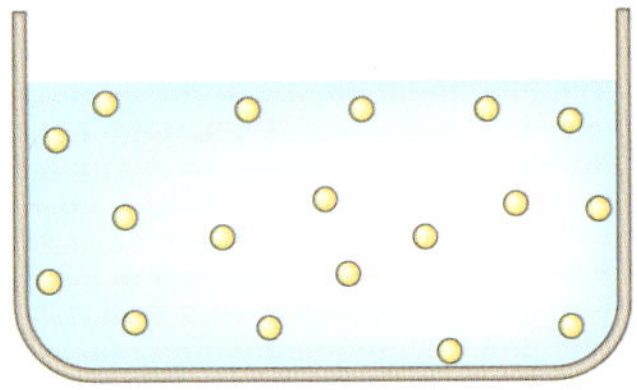
균질화

3) 탄수화물

우유의 탄수화물은 대부분 락토스이며 용해도가 낮아 쉽게 결정화된다. 락토스 함량이 높은 탈지분유를 사용한 아이스크림을 먹을 때 혀에서 모래알이 씹히는 것 같은 느낌을 주는 것은 락토스 결정 때문이다. 분유 제조 시 락토스의 결정이 형성되면 이 결정의 강한 흡습성으로 인해 분유가 쉽게 덩어리를 만든다. 락토스는 장내 유산균의 증식을 도와주고 칼슘의 흡수를 촉진한다.

유당불내증

유당불내증은 락토스 분해효소인 락타제가 부족하여 락토스를 분해하지 못하여 흡수되지 못하고 대장 세균에 의해 발효되어 가스를 생성하여 복부에 가스가 차거나 복통, 설사를 일으키는 것을 말한다. 유당불내증은 전 세계 인구의 약 70%, 한국인의 약 75%에게 나타나는 흔한 증상으로 락타제 분비가 적거나 성장하면서 분비가 감소되어 나타난다. 유당불내증인 사람은 우유를 조금씩 마시거나 빵, 시리얼과 함께 섭취 또는 유제품(치즈, 요구르트)을 섭취하거나 락토스를 분해한 우유를 이용한다.

4) 비타민과 무기질

우유는 리보플라빈, 칼슘과 인의 좋은 공급원이며 비타민 B_1, 니아신, 비타민 A도 상당량 존재하고 비타민 C는 거의 함유되어 있지 않다. 리보플라빈은 열에 안정하나 햇빛이나 형광등에 노출되면 빠르게 분해된다. 우유는 니아신의 전구체인 트립토판 함량이 높아 니아신 영양가가 높으며 전유whole milk와 크림, 버터 등은 카로틴이 풍부한 비타민 A의 좋은 급원이다. 우유는 칼슘 함량이 100mg/100mL로 높고 흡수되기 쉬운 상태로 존재하는 칼슘의 좋은 급원이며 철분과 구리는 부족한 편이다.

강화 우유

우유는 모유에 비해 부족한 영양소를 첨가하여 강화 처리하기도 한다. 주로 비타민 A와 D를 강화하며 유아용 조제분유에는 철분과 비타민의 강화가 필수적이다. 일반적으로 우유 1L당 비타민 A는 2000IU, 비타민 D는 400IU, 철분은 10mg 이상이어야 강화우유이며, 첨가되는 영양분의 종류와 양을 소비자에게 알려주어야 한다.

2. 우유의 특성

1) 우유의 색과 향미

우유의 유백색은 인산칼슘이 결합한 카제인이 빛에 반사되기 때문이다. 또한 노르스름한 색을 띠는데 이것은 카로틴과 리보플라빈에 의한 것이다. 우유의 담황색은 젖소가 사료를 통해 흡수한 카로틴 양에 의하며, 푸른잎을 사료로 이용하는 여름은 겨울보다 우유 내 카로틴 함량이 높다. 수용성인 리보플라빈은 형광성 녹황색을 띤다.

신선한 우유에서 느끼는 독특한 향미는 아세톤, 아세트알데히드, 디메틸설피드, 디메틸케톤, 저급지방산, 락톤 등 저급 분자량 화합물에 의한 것이며, 락토스와 염소이온에 의해 약한 단맛과 짠맛을 갖는다. 한편 우유를 오래 보관하면 유지방의 가수분해적 산패와 산화적 산패가 진행되어 강한 산패취를 낸다.

2) 우유의 조직

우유의 성분은 종류에 따라 다양하게 존재한다. 즉, 락토스, 수용성 비타민, 무기질은 진용액 상태로 존재하고, 단백질은 칼슘, 인산 등과 결합하여 콜로이드 분산액으로, 지방은 수중유적형 유화 상태로 존재한다.

3. 우유의 조리 시 변화

1) 우유의 가열에 의한 변화

(1) 눌어타기

우유를 60℃ 이상 가열하면 유청단백질인 α-락트알부민과 β-락토글로불린이 응고물을 형성하여 침전한다. 냄비에 우유를 담아 가열하면 유청단백질 응고물이 침전하여 바닥에 눌러붙는 현상이 일어난다.

(2) 피막 형성

우유를 60℃ 이상으로 가열하면 지방구와 염이 유청단백질과 결합하여 위로 떠올라 피막을 형성하는데 피막 아래쪽의 증기압이 높아져 우유가 쉽게 끓어 넘치게 된다. 피막은 제거해도 계속 형성되는데 우유를 저으면서 가열하거나 물을 넣어 묽게 만들면 피막 생성을 억제할 수 있다.

(3) 색과 향미의 변화

우유를 가열하면 수분이 증발하여 유성분이 농축되고 락토스의 캐러멜화가 일어나며, 유단백질과 락토스 간에 마이얄 반응이 일어나 갈색으로 변한다. 마이얄 반응은 가당연유 제조 시에 쉽게 일어난다. 한편 우유를 75℃ 이상 가열하면 익은 냄새cooked flavor가 나는 것은 β-락토글로불린의 열 변성에 의해 휘발성인 황화수소H_2S가 생성되기 때문이다.

2) 우유의 산에 의한 변화

우유의 카제인은 등전점인 pH 4.6에서 응고물이 형성, 침전한다. 따라서 우유에 산을 넣거나 젖산발효에 의해 젖산이 생성되어 pH가 카제인 등전점에 가까워지면 응고되어 침전한다. 카제인이 산에 의해 응고되는 성질은 치즈 제조에 이용되며 코티지치즈가 대표적 산 응고 치즈이다. 산에 의해 카제인이 응고될 때, 대부분의 칼슘은 유청에 남으므로 산 응고 치즈는 칼슘을 거의 함유하고 있지 않다 그림 10-2.

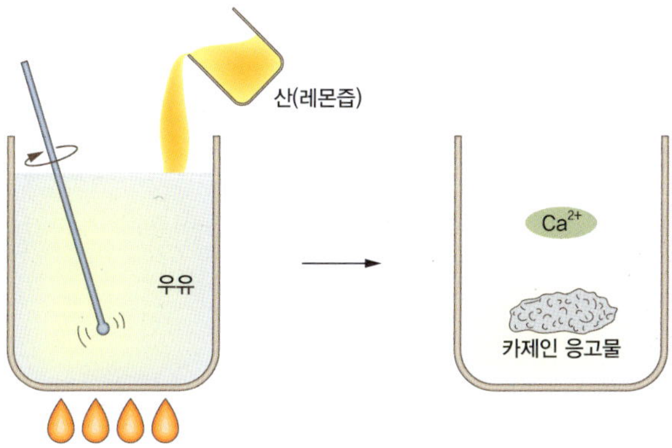

그림 10-2 **산 첨가에 의한 카제인의 응고**

3) 우유의 레닌에 의한 변화

레닌은 포유동물의 위에서 분비하는 효소이며 카제인에 작용하여 불용성의 파라-κ-카제인의 칼슘염을 형성하고 이를 이용하여 치즈를 만든다. 레닌에 의해 생성된 응고물은 산 응고물에 비해 단단하고 칼슘 함량이 높다. 레닌은 10~65℃에서 작용하며 최적온도는 40℃이고 65℃ 이상에서는 불활성화된다. 낮은 온도에서는 서서히 응고되어 부드러운 응고물이 형성되지만, 온도가 높으면 단단한 응고물이 만들어진다.

4) 우유의 염 및 페놀화합물에 의한 변화

우유에 염분 함량이 높은 햄과 같은 육가공품을 넣고 조리하면 응고물이 형성되는

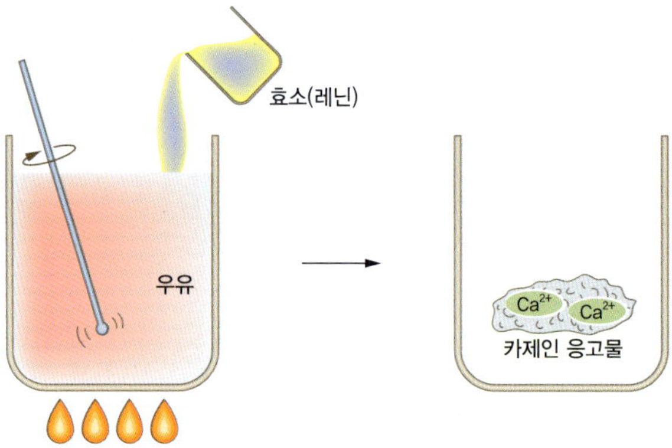

그림 10-3 효소(레닌)에 의한 카제인의 응고

데 온도가 높으면 응고물이 더 잘 형성된다. 우유에 채소나 과일을 넣으면 응고 현상이 일어나는 것은 이들 식품에 존재하는 페놀화합물인 탄닌류가 카제인을 응고시키기 때문이다.

4. 우유 및 우유 가공품의 종류

가열 처리하기 전 우유를 생유라고 하며, 소비자가 위생적으로 안전하게 마실 수 있도록 가열 처리하여 포장된 우유를 시유city milk, market milk라고 하는데 시판 우유는 모

우유 살균법

- 저온살균법low temperature long time, LTLT : 62~65℃, 30분간 가열하며 단백질의 변성이 가장 적으나 결핵균의 사멸을 목적으로 하므로 쉽게 변질된다. 파스퇴르가 포도주의 변질을 막기 위해 고안한 가열살균법을 우유에 응용한 것이다.
- 고온살균법high temperature short time, HTST : 72~75℃, 15~20초간 가열한다.
- 초고온살균법ultra high tempetature, UHT : 130~150℃, 1~5초간 가열하며 영양소 손실을 최소화하고 살균효과를 극대화시킨 방법으로 대부분의 미생물과 포자가 파괴되지만 고온의 열처리로 인해 가열취가 난다.

유럽은 거의 저온살균우유를 생산하며, 국내 생산 우유 대부분은 초고온살균우유이지만 프리미엄우유는 저온살균법으로 살균한다.

두 가열 처리된 시유이다. 시유에는 가열살균방법뿐 아니라 유성분을 조절하거나 맛, 향을 변화시킨 다양한 종류가 생산, 판매되고 있다.

1) 저지방우유와 무지방우유

저지방우유low-fat milk는 원료유에서 지방을 제거하여 유지방 함량이 2% 이하, 무지유고형분solid not fat 8.0% 이상이며, 유지방을 제외한 다른 영양소 함량은 전유whole milk와 동일하게 조정한 제품이다. 무지방우유(탈지유skim milk)는 유지방 함량이 0.5% 이하이며 제거할 수 있는 지방을 모두 제거한 제품이다. 저지방우유와 무지방우유는 지방이 제거되어 점성이 낮고 고소한 맛이 적으므로 야자유 등 식물성 유지를 첨가하여 일반우유와 비슷한 맛이 나도록 하고 검질을 이용하여 침전물이 생기지 않도록 한다. 또한 지방과 함께 비타민 A도 제거되므로 비타민 A를 강화하기도 한다.

2) 농축유

농축유는 수분의 일부(보통 60% 정도)를 증발시켜 만들며 무당연유와 가당연유로 나뉜다. 가당연유는 전유나 무지방우유에 당을 넣고 가열하여 부피가 1/3로 줄어들 때까지 농축시킨 것으로 42%의 당을 함유하고 있어 보존성이 좋다.

3) 분유

분유는 우유를 건조시켜 수분 함량 5% 이하의 분말로 만든 것이다. 고온에서 건조하면 익은 냄새가 나고 마이얄 반응이 일어나 갈색으로 착색되기도 한다. 분유는 쉽게 수분을 흡수하여 덩어리지고 변질되므로 밀폐하여 보관해야 한다. 분유에는 전유를 건조한 전지분유, 탈지우유를 건조한 탈지분유, 모유의 영양조성에 맞게 재조합한 조제분유가 있다. 우유와 조제분유의 큰 차이점은 단백질 조성으로 우유는 카제인과 유청 단백질의 비율이 80:20인 반면, 조제분유는 40:60으로 모유와 비슷하다. 이외에도 생우유처럼 액상으로 공급되어 수유가 간편한 액상 조제분유, 저알레르기 분유, 선천성대사 이상 유아를 위한 특수분유 등 다양한 분유가 시판되고 있다.

4) 가공우유

가공우유는 딸기우유, 커피우유, 바나나우유, 초콜릿우유와 같이 우유에 착향료, 착색료, 설탕 등을 첨가하여 다양한 향미와 색을 낸 우유이다. 가공우유에는 원유는 전혀 사용하지 않고 탈지분유에 물, 유지방 등을 넣은 환원유만으로 만든 것도 있으며 당분 함량이 높아 열량이 많다. 딸기우유나 바나나우유 200mL를 만들기 위해 사용되는 딸기 또는 바나나 농축과즙은 1~3% 정도에 불과하다.

5) 발효유

발효유는 우유 또는 무지방우유에 유산균을 배양, 발효시켜 만들며 장내 유해균과 병원균의 생육과 증식을 억제하여 정장작용을 하고 소화흡수를 도와준다. 발효유는 유산균의 수에 따라 액상발효유, 농후발효유로 나뉘는데 유산균이 1 mL당 액상발효유 1천만 마리 이상, 농후발효유 1억 마리 이상 들어 있다. 농후발효유에는 떠먹는 형태의 호상 요구르트와 응유물(커드)를 분쇄하여 마실 수 있도록 한 드링크 요구르트가 있다. 그릭 요구르트는 발효 후 응고물을 압착하여 유청을 제거했기 때문에 더 단단하고 흐르지 않으며 일반 요구르트보다 단백질 함량과 유산균 수가 많다.

6) 크림

우유의 지방층을 분리한 것이 크림이며 최소 18%의 지방을 함유한다. 크림의 유지방 함량에 따라 하프앤하프half-and-half, 커피크림(테이블크림, 라이트크림), 가벼운 휘핑크림, 무거운 휘핑크림, 플라스틱크림으로 나뉜다 표 10-1. 보통 생크림이라 하는 것은

식물성 크림과 콤파운드 크림

식물성 크림은 식물성 유지(팜유 등)에 옥수수 시럽, 설탕, 유화제를 첨가한 것이다. 유크림을 거품 낸 것에 비해 우유 특유의 향미나 고소한 맛은 없지만, 가격이 저렴하고 유통기간이 길며 생크림 케이크 등을 데커레이션 후 모양을 잘 유지한다. 콤파운드 크림은 유크림에 식물성 유지를 첨가하여 식물성 크림의 단점을 보완한 것으로 유크림의 향미를 내고 보형성도 좋다.

표 10-1 크림의 종류와 유지방 함량

종류	유지방 함량	용도
하프앤하프	10~12%	커피, 차
커피크림	18~30%	커피
휘핑크림(light)	30~36%	케이크, 과일, 디저트
휘핑크림(heavy)	36% 이상	케이크, 과일, 디저트
플라스틱크림	79~81%	아이스크림, 갈색버터

우유에서 분리한 크림으로 만든 것으로 동물성 크림이라고도 한다. 지방 함량이 18% 이상인 것은 생크림으로 판매 가능하며 시판 생크림은 유지방 함량이 50% 이상이다. 생크림을 발효시켜 신맛이 나게 한 것을 사우어 크림sour cream이라고 한다. 크림의 지방 함량이 많은 것이 거품 형성이 잘되므로 냉장고에 2시간 이상 방치 후 휘핑하는 것이 좋다.

7) 버터

버터는 크림을 교반(처닝)하여 분리한 지방 입자에 물이 분산되도록 유화시킨 유중수적형 유화액이다. 버터는 유지방 함량에 따라 일반버터와 가공버터, 발효 유무에 따라 발효버터와 천연버터(감성버터sweet butter), 소금 첨가 여부에 따라 가염버터(소금 1~2% 첨가)와 무염버터로 나눈다. 일반버터는 유지방 80% 이상, 수분 18% 정도이고, 가공버터는 유지방 50% 이상이며 식물성유지와 여러 첨가물이 들어 있다. 발효버터는 젖산균을 넣어 발효시킨 것으로 천연버터에 비해 수분 함량이 높다. 버터는 지방이 산화되지 않도록 포장지를 버터 표면에 밀착시키고 밀폐 용기에 넣어 냉장 보관하여 공기와 광선을 차단하도록 한다.

일반버터

가공버터

8) 치즈

치즈는 원료유를 젖산발효 후 응유효소(레닌)를 넣어 응고시키거나 산을 첨가하여 카제인을 응고시킨 것으로 가공 유무에 따라 자연치즈와 가공치즈로 나눈다. 대부분의 치즈는 단백질, 지방, 칼슘, 비타민 A, 비타민 B 등이 풍부하다. 치즈가 응고될 때 락토스는 대부분 유청으로 빠져나가므로 유당불내증인 사람도 먹을 수 있다.

에멘탈 치즈

(1) 자연치즈

자연치즈에는 숙성 과정을 거치지 않은 생치즈와 숙성치즈가 있으며 수분함량에 따라 표 10-2와 같이 나누어진다. 한편 리코타 치즈나 코티지 치즈는 우유에 산을 첨가하거나 젖산발효를 통해 우유를 응고시켜 제조한다. 치즈는 숙성 시 특유의 맛과 향, 독특한 텍스처가 형성된다.

모짜렐라 치즈

표 10-2 자연치즈의 종류와 숙성방법

구분	수분함량	숙성방법		예
연질치즈	55~80%	숙성(곰팡이 이용)		까망베르, 브리
		비숙성		코티지, 크림, 모짜렐라
반경질치즈	45~55%	숙성(세균 이용)		브릭, 림버거
		숙성(곰팡이 이용)		블루, 로크포르, 스틸톤, 고르곤졸라
경질치즈	34~45%	숙성(세균 이용)	치즈의 눈 있음	에멘탈, 고우다, 에담
			치즈의 눈 없음	체다, 콜비
초경질치즈	30~35%	숙성(세균 이용)		파마산, 로마노

고르곤졸라 치즈

까망베르 치즈

(2) 가공치즈

가공치즈는 여러 종류의 자연치즈를 혼합, 분쇄하고 유화제를 첨가하여 가열 융해한 후 색소 등을 넣고 성형한 것으로 슬라이스 치즈가 대표적 예이다. 가공치즈는 보존성이 좋고 원료 치즈의 배합에 따라 다양한 맛을 낼 수 있다. 일부 가공치즈는 모조치즈를 섞어서 만들기도 한다. 모조치즈는 팜유와 같은 식물성 기름에 레닛 카제인과 색소, 유화제를 넣어 치즈와 유사하게 만든 것으로 가격이 저렴하다

파마산 치즈

고우다 치즈

(3) 치즈의 조리

치즈는 그대로 먹기도 하고 샌드위치나 샐러드 재료 등으로 다양하게 이용된다. 치

즈는 단백질과 지방 함량이 높아 가열하면 처음에는 말랑말랑해졌다가 조금 지나면 흐를 수 있을 정도로 걸쭉한 액체가 된다. 치즈의 지방은 냉장 보관하면 지방이 단단한 고체 상태이지만, 실온에 방치하면 부드러워지고 가열하면 분리되어 표면이 번들거린다. 계속 가열하면 단백질이 응고 수축하여 질겨지므로 치즈는 저온에서 단시간 조리하는 것이 좋다. 피자에 이용되는 모짜렐라 치즈는 가열 시 지방이 표면으로 빠져나와 번들거리는 것을 막기 위해 탈지우유를 사용하여 제조한다.

로크포르 치즈

페타 치즈

5. 우유 및 유제품의 선택

1) 우유의 등급

원유의 가격은 세균 수, 체세포 수, 유지방 함량, 유단백 함량 등의 영향을 받는다. 이 중 위생등급을 결정하는 것은 세균 수와 체세포 수이다. 세균 수는 원유가 얼마나 깨끗하게 관리되느냐를 말하며, 체세포 수는 젖소의 건강 상태를 나타내는 지표이다. 유방에 염증이 생기거나 노화-스트레스로 인한 호르몬 분비가 증가하면 체세포 수가 많아진다. 식품의약품안전처에서는 세균 수와 체세포 수에 따른 등급표시제를 시행하고 있으며, 등급표시는 식품표시에서 확인할 수 있다 표 10-3, 그림 10-4. 세균 수를 기준으로 5개의 등급(1A~4등급)으로 나뉜다. 젊고 건강한 젖소가 생산하는 원유일수록 세균 수가 적고, 세균 수가 적을수록 등급이 높고 신선하다. 우리나라에서 생산되는 원유의 90% 이상이 1A등급이다. 한편 체세포 수를 기준으로 5개 등급(1~5등급)으로

표 10-3 세균 수 및 체세포 수에 따른 원유의 등급

등급	세균 수(1mL당)	등급	체세포 수(1mL당)
1A등급	3만 미만	1등급	20만 미만
1B등급	3만~10만 미만		
2등급	10만~25만 미만	2등급	20만~35만 미만
3등급	25만~50만 미만	3등급	35만~50만 미만
4등급	50만 이상	4등급	50만~75만 미만
5등급	-	5등급	75만 이상

그림 10-4 시판 우유의 위생등급 표시

나뉘며 체세포 수가 표시된 우유는 많지 않다. 한편 유지방과 유단백 함량은 우유의 맛에 영향을 주지만 위생등급 결정에 영향을 주지 않는다.

2) 신선유와 환원유

환원유는 탈지분유를 다시 물에 녹이고 유지방 등을 첨가하여 액상 우유로 환원해서 일반 우유처럼 만든 것이다. 신선유는 쉽게 변질되는 반면, 환원유의 원료인 분유는 상온에서 장기간 보관이 가능한 장점이 있지만 일반 우유에 비해 신선도와 품질이 낮다. 환원유는 과일 맛을 내는 가공우유나 저지방우유, 무지방우유, 요구르트 등에 많이 사용되며, 신선유나 환원유 사용 여부는 식품표시를 통해 확인할 수 있다 그림 10-5.

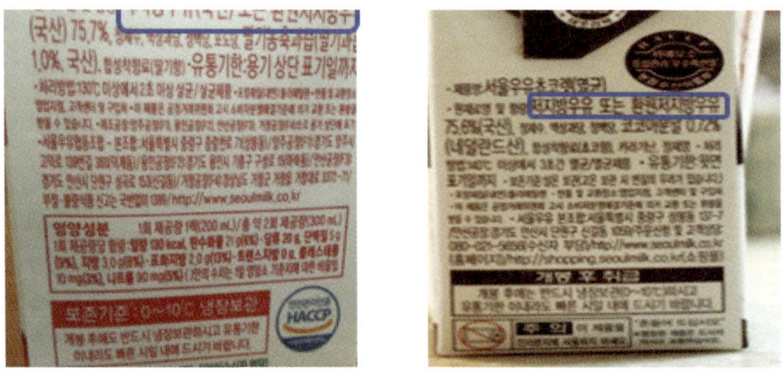

그림 10-5 일반유와 환원유를 사용한 가공우유

유지류

CHAPTER 11

CHAPTER 11 유지류

유지는 에너지의 농축된 급원으로 세포막 구성, 프로스타글란딘의 생성, 화학적 메시지 전달, 필수지방산 공급, 지용성 비타민의 흡수 지원 등 중요한 기능을 수행한다. 또한 유지는 조리 시 식품에 부드러운 텍스처와 독특한 향미를 부여하며 열 전달매체로 작용한다. 유지는 상온에서 액체 상태인 기름oil과 고체 상태인 지방fat으로 나뉘며 물과 같은 극성 용매에는 녹지 않고 에테르, 벤젠, 클로로포름 등 비극성 유기용매에는 잘 녹는다.

1. 식용유지의 종류

「식품공전」에서 식용유지는 "유지를 함유한 원료로부터 얻은 원료유지를 식용에 적합하도록 제조, 가공한 것 또는 이에 식품 또는 식품첨가물을 가한 것으로 식물성유지류, 동물성유지류, 식용유지가공품"을 말한다. 식용되는 식물성 유지에는 콩기름, 옥수수기름(옥배유), 참기름, 들기름, 포도씨유, 현미유(미강유), 카놀라유, 올리브유, 팜유 등이 있고, 동물성 유지에는 우지(쇠기름), 돈지(돼지기름), 어유(생선기름) 등이 있다. 버터, 마가린, 쇼트닝은 가공유지에 속한다. 동물성 지방은 식물성 기름에 비해 포화지

동유 처리

샐러드유는 낮은 온도에서 결정화가 일어나지 않도록 1~6℃에서 18시간 정도 두어 석출된 결정을 제거하는 동유 처리 winterization 과정을 거친다. 동유처리한 기름은 냉장온도에서 결정화가 일어나지 않아 맑은 상태를 유지한다.

방산 비율이 높고 불포화지방산 비율이 낮아 녹는점이 높으므로 우지와 돈지는 상온에서 고체로 존재한다. 참치기름과 같은 어유에는 다중불포화지방산인 EPA, DHA의 함량이 높다.

대부분의 식물성기름은 정제, 즉 색소, 이취 성분, 유리지방산, 검질 등을 제거한 후 식용한다. 한편 엑스트라버진 올리브유와 우리나라의 참기름, 들기름은 각각 올리브 열매, 볶은 참깨와 들깨를 압착하여 기름을 짜 낸 후 정제하지 않고 그대로 식용한다. 이는 탈취과정이나 동유 처리과정에서 특유의 향미 성분이나 천연 산화방지제 등이 제거될 수 있기 때문이다. 이들 비정제 식물성 유지는 발연점이 낮아 튀김과 같은 고온에서의 조리에는 적합하지 않다.

1) 식물성 기름

(1) 콩기름

콩기름(대두유)은 세계적으로 가장 많이 사용하는 식물성 기름으로 정제 정도에 따라 튀김유나 샐러드유로 사용되고 있다. 정제된 콩기름은 발연점이 높아 튀김용으로 좋다. 콩기름은 비타민 E 함량이 높고 올레산, 리놀레산이 80% 이상으로 풍부하며, 리놀레산 함량이 높아 변향flavor reversion이 발생하기 쉬우므로 주의해야 한다.

(2) 옥수수기름

옥수수기름(옥배유)은 전분 분리 시 얻은 배아를 압착하여 추출한 후 정제한 기름으로 동유 처리하여 샐러드유로도 사용한다. 비타민 E 함량이 식물성기름 중에 가장 많고 산화와 가열 안정성이 우수하여 튀김용, 부침용으로 이용되며, 마가린, 쇼트닝의 원료로 사용된다.

(3) 현미유와 쌀눈유

현미유(미강유)는 쌀겨에서 짜낸 기름으로 진한 노란색을 띠며 미강에 존재하는 리파제에 의해 산패되기 쉽다. 현미유는 포화지방산, 단일불포화지방산, 다가불포화지방산의 비율이 미국심장협회에서 권장하는 1:2:1의 비율로 존재하며, 산화 안정성과 발연점이 255℃로 매우 높고 풍미가 좋아 일본에서는 고급 튀김유로 사용하고 있다. 쌀눈유(쌀배아유)는 쌀의 배아에서 추출한 기름으로 올레산과 리놀레산이 풍부하며 발연점이 높아 튀김, 볶음, 전 요리에 좋다. 현미유와 쌀눈유에 존재하는 감마오리자놀과 토코트리에놀은 체내 콜레스테롤 흡수를 저해하며 산화 방지효과, 항암작용 등 우수한 생리 활성을 보인다.

(4) 올리브유

올리브유는 올레산이 풍부하며 독특한 맛과 향을 가지고 있다. 올리브유 중 최상 등급인 엑스트라 버진extra virgin은 열매에 열을 가하지 않고 가볍게 압착하여 처음 짜낸 기름으로 녹황색을 띠며 향미가 좋다. 엑스트라 버진은 빵을 찍어 먹거나 수프에 뿌리거나 샐러드드레싱 등 열을 가하지 않고 먹는 것이 좋다. 두 번째 짜낸 기름은 버진virgin이라 한다. 엑스트라 버진과 버진은 정제하지 않아 발연점이 낮으므로 튀김유로는 적합하지 않다. 튀김용으로 사용하는 퓨어pure는 정제 올리브유에 압착하여 추출한 버진 올리브유를 혼합한 기름이다.

(5) 카놀라유

유채씨(평지씨)에서 얻은 기름은 인체에 유해한 에루스산과 글루코시놀레이트 함량이 높으므로 캐나다에서 이 두 함량이 적은 품종을 개발하여 짜낸 기름이 카놀라유

에루스산

십자화과 식물에서 주로 발견되는 에루스산은 유채나 겨자 종자에서 짜낸 기름에 존재하며 총 지방산의 20~55%를 차지하고 다량 섭취 시 심장질환을 유발한다.

이다. 카놀라유에는 에루스산 함량이 2% 이하이며 리놀렌산이 풍부하다. 카놀라유 원료의 20% 이상이 유전자 변형이어서 유해성 논란이 있으므로 반드시 'Non-GMO' 표시를 확인 후 구입하는 것이 좋다.

(6) 참기름

참기름은 볶은 참깨를 압착하여 짜낸 기름으로 고유의 향을 유지하기 위해 정제하지 않는다. 참기름은 올레산과 리놀레산이 풍부하고 산화 방지효과가 있는 토코페롤과 세사몰이 함유되어 산화 안전성이 좋다. 발연점이 낮고 가열하면 특유의 향미가 사라진다.

(7) 들기름

들기름은 들깨를 압착하여 짠 기름으로 리놀렌산이 풍부하며 단백질, 칼슘, 비타민 B_1, 비타민 B_2가 풍부하고 로즈마린산, 루테올린 같은 폴리페놀이 들어 있다. 들기름은 산패가 쉽게 일어나므로 냉장 보관하는 것이 좋으며 개봉 후에는 2~3개월 내 소비하도록 한다.

(8) 포도씨유

포도씨에서 추출한 포도씨유는 리놀레산이 풍부하고 산화 방지물질인 카테킨, 토코트리에놀, 베타시토스테롤 등이 들어 있다. 포도씨유는 발연점이 높아 튀김, 볶음 등 고온으로 가열하는 요리에 적합하다.

(9) 면실유

면실유는 목화씨에서 짜낸 기름으로 리놀레산이 풍부하다. 면실유에 존재하는 고시폴은 노란색의 폴리페놀화합물로 물질로 독성이 있어 반드시 제거해야 한다. 발연점이 높아 튀김용 기름으로 널리 사용되며 샐러드유로도 이용되고 참치캔을 채우는 데 이용되기도 하였다.

향미유란?

향미유는 식용유지에 향신료, 향료, 천연추출물, 조미료 등을 혼합한 것으로 식용유지 함량이 50% 이상이며 조리 또는 가공 시 식품에 풍미를 부여하기 위하여 사용하는 것이다. 참기름 대신 사용하는 향미유는 참깨 추출물과 옥수수기름을 섞고 소량의 합성착향료를 넣어 만들며 '00맛' 기름으로 판매하기도 한다.

(10) 팜유·팜핵유·코코넛유

팜유류에는 팜유, 팜핵유 그리고 팜유를 분별 증류한 액상인 팜올레인유, 고체 상태인 팜스테아린유 등이 있다. 팜유는 기름야자oil palm의 과육을 압착, 추출한 것으로 콩기름과 함께 세계적으로 널리 사용하는 기름이다. 팜유는 포화지방산과 불포화지방산이 거의 동량 존재하고 리놀레산이 풍부하며 토코페롤이 함유되어 산화 안정성이 우수하므로 라면이나 스낵(포테이토칩 등) 제조에 사용된다. 붉은 팜오일red palm oil은 과육을 압착하여 얻은 정제되지 않은 팜유로 붉은색을 띠며 토코페롤, 토코트리에놀, 베타카로틴이 풍부하다.

팜핵유는 기름야자 열매의 씨에서 추출한 기름으로 포화지방산 비율이 80% 이상이며 저급지방산, 특히 라우르산 함량이 높다.

코코넛유는 코코넛야자coconut palm 열매를 압착하여 채취한 것으로 포화지방산이 90% 정도 함유되어 있고 라우르산 함량이 많다.

그림 11-1 팜, 팜핵, 코코넛유

2) 동물성 기름

(1) 우지와 돈지

우지(쇠기름beef tallow)는 소의 지방조직에서 추출한 연한 황색의 지방으로 올레산, 팔미트산, 스테아르산 등이 많이 함유되어 있어 녹는점이 높고 상온에서 고체로 존재한다.

돈지(돼지기름lard)는 돼지 지방조직으로부터 분리한 흰색의 지방으로 30~50℃ 정도에서 녹고 입안 촉감이 좋으며 다른 유지에 비해 쇼트닝성이 우수하다. 돈지는 중국요리에 많이 이용되며 서양에서는 빵에 발라먹기도 한다.

(2) 어유

어유(생선기름)는 대부분 다가불포화지방산 함량이 높아 상온에서 액체 상태이다. 어유는 우수한 생리 활성을 보이는 오메가-3 지방산인 EPAeicosapentaenoic acid와 DHAdocosahexaenoic acid가 풍부하여 심혈관계질환 예방, 기억력 향상, 면역력 강화, 염증 및 비만 예방, 망막 건강 유지에 도움을 준다.

3) 가공유지

(1) 버터

버터(천연버터)는 유지방이 80% 이상이며 가소성, 쇼트닝 파워, 크리밍성 등이 좋다. 버터는 부티르산 등의 휘발성 저급 지방산과 젖산 발효에 의해 생성된 유기산 및 다이아세틸 등에 의해 독특한 풍미를 낸다. 한편 유지방이 50%인 것은 가공버터라고 하며 대부분 야자경화유, 팜유, 무지유고형분 등을 혼합하여 제조한다.

(2) 마가린

1870년 프랑스에서 버터 대용품으로 개발된 마가린은 초기에는 어유나 고래기름을 사용하였으며 이취 성분이 완전히 제거되지 못해 향미가 좋지 않았다. 현재 마가린은 옥수수기름, 콩기름, 야자유 등을 수소화시켜 만들며 제과제빵, 일반 조리 등에 널리 사용된다. 마가린의 지방 함량은 80% 정도이며 유지방을 원료로 할 때는 50% 미만이다. 저지방 마가린(지방 스프레드)의 지방 함량은 10~80% 미만이다.

(3) 쇼트닝

쇼트닝은 미국에서 라드의 대용품으로 개발되었으며 초기에는 쇠기름과 면실유를 혼합, 제조하였다. 현재 쇼트닝은 콩기름과 면실유를 수소화하고 여기에 유화제, 산화방지제 등을 첨가하여 가공성, 유화성 등 가공 특성을 부여하였다. 쇼트닝은 쇼트닝작용과 크리밍성이 우수하여 비스킷, 쿠키, 파이 등 제과제빵, 튀김, 아이스크림, 햄 등에 이용된다.

2. 유지의 특성

1) 비중

대부분 유지는 비중이 0.92~0.93으로 물보다 가벼워서 물 위에 뜨게 된다. 프렌치드레싱을 방치하면 기름이 위로 떠오르는 것을 쉽게 볼 수 있다.

2) 비열

유지의 비열은 0.47kcal/g℃ 로 물의 비열(1kcal/g℃)에 비해 작아 일정한 온도 유지가 쉽지 않다. 기름의 온도가 쉽게 오르거나 내려가는 것은 비열이 작기 때문이다.

3) 녹는점

유지의 녹는점은 구성 지방산의 탄소수, 불포화도, 이중결합의 형태 등에 따라 달라진다. 즉, 유지의 녹는점은 탄소수가 많을수록, 이중결합 수가 적을수록 높아진다. 또한 이중결합이 트랜스형 지방산은 시스형 지방산에 비해 녹는점이 높다. 일반적으로 불포화지방산 함량이 높은 식물성 기름은 녹는점이 낮아 상온에서 액체 상태이며, 포화지방산 함량이 많은 동물성 지방은 녹는점이 높아 상온에서 고체 상태이다. 한편 포화지방산 함량이 높은 팜유는 상온에서 고체 상태로 존재한다.

4) 발연점

유지를 가열할 때 엷은 푸른색 연기가 나기 시작하는 온도를 발연점이라고 한다. 유지를 가열하여 일정 온도에 이르면 지방산과 글리세롤로 분해되며 글리세롤은 다시 아크롤레인으로 분해된다. 연기의 주성분인 아크롤레인은 자극적인 맛과 냄새를 내므로 튀김에는 발연점이 높은 기름을 사용해야 한다. 발연점은 유지의 가열 시간과 횟수가 많을수록, 유리지방산 함량이 높을수록, 유지의 표면적이 넓을수록, 이물질이 많을수록 낮아진다.

5) 가소성

가소성plasticity은 외부의 힘에 의해 변형된 후 힘을 제거해도 원래 상태로 돌아가지 않는 성질을 말하며, 가소성을 보이는 대표적 유지식품에는 버터, 마가린, 쇼트닝 등이 있다. 유지가 가소성을 나타내는 것은 일정 온도 범위에서 액체와 고체가 섞여 있는 상태로 존재하기 때문이다.

6) 쇼트닝성

쇼트닝성shortening effect이란 밀가루에 유지를 넣어 반죽하면 유지가 글루텐 표면을 둘러싸서 글루텐이 길게 연결되지 못하여 부드럽고 연한 밀가루 제품이 만들어지는 성질을 말한다. 패스트리, 파이의 바삭바삭하고 많은 켜의 형성은 유지의 쇼트닝성에 의한 것이다.

7) 동질이상

동질이상polymorphism(동질다형)이란 유지가 녹는점이 다양한 여러 결정 구조를 갖는 것을 말한다. 유지는 주로 3가지 결정형, 즉 α결정, β' 결정, β결정으로 존재한다. α결

초콜릿 블룸이란?

동질다형은 초콜릿 보관 중에 나타나는 초콜릿 블룸chocolate bloom과 관련이 있다. 초콜릿은 온도를 조절하여 지방을 녹이고 다시 고체화시키는 과정을 반복하여 실온에서 가장 안정한 결정인 β결정을 만드는데 이를 템퍼링tempering이라고 한다. 템퍼링이 불충분하거나 보관온도가 적당하지 않으면 바람직하지 못한 불안정한 결정형으로 바뀌면서 초콜릿 표면의 광택이 사라지고 카카오버터가 녹은 후 표면으로 올라와 결정이 생기기 때문에 흰색이나 회색의 반점이나 얼룩무늬가 만들어지는데 이를 초콜릿 블룸이라고 한다.

초콜릿

초콜릿 블룸

정은 크기가 작고 부서지기 쉬우며, β결정은 크고 거친 텍스처를 주고 β' 결정은 작고 미세하여 부드러운 텍스처를 나타낸다. 녹는점은 α결정이 가장 낮고 β' 결정, β결정 순으로 높아지며, 안정성은 β결정이 가장 높고 β' 결정, α결정 순으로 낮아진다. 라드는 β' 결정형으로 고체화시켜야 베이커리 제품의 텍스처가 좋으므로 낮은 온도로 보관해야 한다.

3. 유지의 산패와 보관

1) 유지의 산패

(1) 산화에 의한 산패

유지는 공기 중의 산소를 흡수하여 자동산화가 일어나면 과산화물을 형성하고, 과산화물은 다시 알데히드, 케톤, 알코올 등 분자량이 작은 휘발성 카보닐화합물로 분해되어 좋지 않은 냄새 갖게 된다. 또한 일부 라디칼이 서로 결합하여 분자량이 큰 중합체를 형성하기 때문에 점도가 높아지고 중합체가 독성을 보이기도 한다.

(2) 가수분해에 의한 산패

유지는 산, 수분, 효소 등에 의해 가수분해되어 좋지 않은 냄새를 내게 된다. 우유와 유제품이 변질되면 강한 이취를 내는 것은 리파제에 의해 유지방이 가수분해되어 부티르산, 카프로산, 카프릴산 등 휘발성 저급지방산이 유리되기 때문이다.

(3) 가열에 의한 산패

유지를 공기 중에서 높은 온도로 가열하면 산화가 빠른 속도로 진행되고, 동시에 가수분해가 일어나 유리지방산 생성이 증가하고 가열분해가 일어난다. 또한 가열중합반응이 촉진되어 유지의 점도와 거품 형성이 증가하고 열 전달이 어려워 튀김이 바삭하지 않게 된다.

2) 유지의 보관

유지의 산화는 햇빛, 금속이온, 고온의 열에 의해 촉진되므로 햇빛을 차단하여 어둡고 서늘한 곳에 보관하고, 조리 시 알루미늄이나 스테인리스 스틸로 된 용기의 사용을 피하도록 한다. 우유, 버터 중의 유지방은 주변의 냄새를 쉽게 흡착하기 때문에 김치, 양파 등이 들어 있는 냉장고에 함께 보관하면 김치 냄새 또는 양파 냄새를 낸다. 따라서 유지식품이 주변으로부터 좋지 않은 냄새를 흡착하지 않도록 잘 밀폐하여 보관해야 한다.

4. 유지의 조리

1) 향미

참기름, 들기름, 올리브유, 버터 등 식용유지는 각기 특유의 향미를 내어 음식의 향미를 증진시킨다. 참기름과 들기름은 나물을 무칠 때 사용하면 나물의 고소한 향미를 돋우며, 올리브유는 샐러드드레싱이나 빵을 찍어먹을 때 이용한다. 버터는 빵에 발라먹거나 밥, 채소를 볶을 때 사용하며, 특히 버터 향은 인기가 높아 마가린, 팝콘 등에 첨가하기도 한다. 볶음요리에서는 기름에 마늘, 파 등을 볶아 향을 녹여 내어 음식의 향미를 증진시키며, 고춧가루에 뜨거운 기름을 부어 만든 고추기름에는 고춧가루의 매콤한 향미가 녹아 있어 음식의 향미를 돋우는 데 사용하기도 한다.

2) 열 전달매체

유지는 튀기거나 볶을 때 열을 전달하는 매체이다. 유지는 물이 끓는 온도인 100℃보다 높은 온도인 150~190℃에서 조리가 가능하므로 물에 비해 많은 열을 전달하여 단시간 내에 조리가 가능하다. 이때 사용된 유지는 음식의 향미, 색깔, 텍스처 등에 영향을 준다.

(1) 튀김기름의 선택

유지는 고온으로 가열하여 발연점에 도달하면 자극적인 냄새를 내는 연기가 나고, 이 연기가 식품에 흡수되면 좋지 않은 향미를 낼 뿐 아니라 유독물질이 함유되어 있어 튀김을 할 때는 발연점이 높은 유지를 사용해야 한다. 그림 11-2와 같이 정제과정을 거친 대부분의 식물성 기름은 발연점이 높아 튀김기름으로 사용할 수 있으나 참기름, 들기름과 같이 정제하지 않은 기름과 버터, 마가린 같이 유화제, 물 등이 함유된 유지는 낮은 온도에서 발연하므로 튀김기름으로 적합하지 않다.

(2) 튀김온도

튀김에 적합한 온도는 식품의 종류, 튀김옷의 종류 등에 따라 다르며 음식에 적합한 온도에서 튀김을 해야 한다 표 11-1. 튀기는 동안 흡수된 기름의 양은 음식의 품질뿐 아니라 건강에도 영향을 주므로 흡유량이 많지 않게 튀겨내야 한다. 일반적으로 높은 온도에서 튀기면 낮은 온도에서 튀긴 것보다 흡유량은 줄어들지만 지나치게 높은 온도에서 튀기면 속이 익기 전에 표면이 타버리게 된다. 또한 신선한 기름을 사용하면 흡유

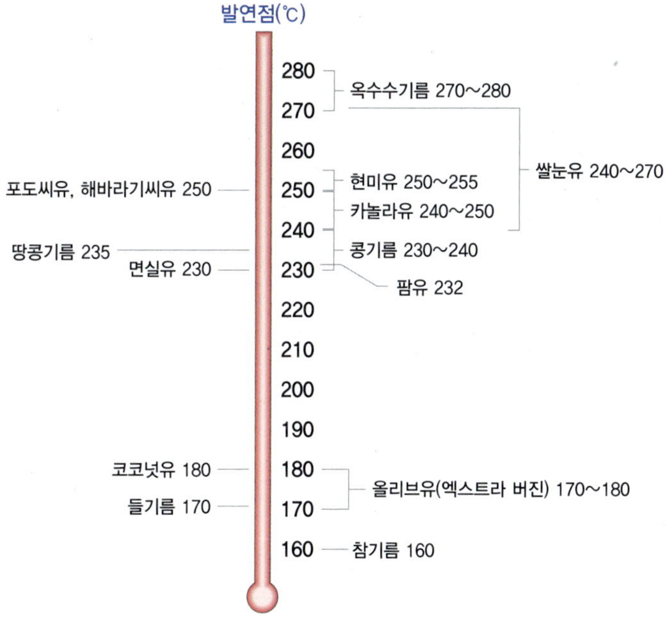

그림 11-2 유지의 발연점

표 11-1 식품과 튀김온도

식품	튀김온도(℃)
깻잎, 약과, 다시마	140~160
생선튀김, 닭튀김, 도넛	170~180
프렌치프라이, 어패류(튀김옷 입힌 것)	180~190
크로켓, 굴튀김	≥190

량을 줄일 수 있다. 한편 기름은 비열이 작아 튀기는 동안 일정한 온도를 유지하는 것이 쉽지 않다. 일정한 온도를 유지하려면 두꺼운 재질의 튀김용기를 사용하고 재료를 한꺼번에 많이 넣지 않도록 해야 한다. 표 11-2에는 튀김옷을 이용하여 튀김온도를 확

튀길 때 흡유량이 많아지는 이유는?

튀김 온도가 너무 낮을 때, 튀김 재료가 다공질이거나 당, 지방, 수분함량이 높을 때, 유화제(레시틴 등)가 존재할 때 흡유량이 많아진다. 신선한 기름을 사용하면 흡유량을 줄일 수 있다.

표 11-2 튀김옷을 이용한 기름의 온도 확인방법

튀김옷의 모양	 튀김옷이 바닥까지 가라앉지 않고 거품이 적음	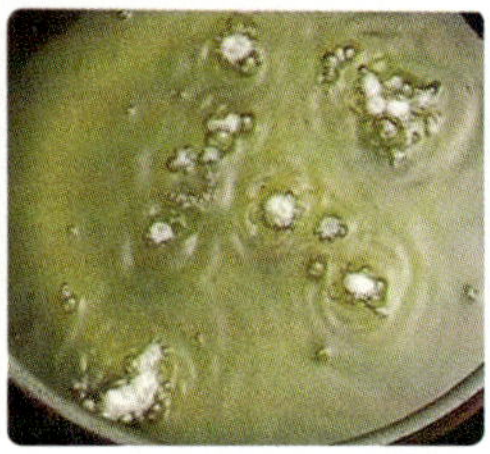 튀김옷이 중간까지 가라앉았다가 잠시 후 떠오름	 튀김옷을 넣자 마자 파르르 소리가 나면서 바로 떠오르고 거품이 많음
온도	140~160℃	170~180℃	190℃ 이상

인하는 방법을 나타내었다.

(3) 튀김옷

포테이토칩과 같이 바삭바삭하게 튀겨야 하는 식품은 튀김옷을 입히지 않지만 대부분 튀김옷을 입혀 튀긴다.

① 밀가루

튀김옷이 바삭바삭하고 질기지 않도록 하기 위해서는 글루텐 함량이 낮은 박력분을 사용해야 한다. 글루텐이 많으면 튀김옷이 질겨지고 두꺼워져서 튀김 재료에서 수분이 증발하지 못하므로 튀김옷이 바삭하지 않고 눅눅하게 된다. 중력분을 사용할 경우에는 밀가루의 반을 전분으로 대체하거나 반죽을 조금 묽게 만들면 튀김옷을 바삭하게 만들 수 있다. 감자전분은 잘 부풀고 바삭바삭하며, 고구마전분은 고소하지만 튀김옷이 질기고, 옥수수전분은 옥수수향이 있고 덜 부풀기 때문에 감자전분을 사용하는 것이 좋다.

② 달걀과 중조

밀가루에 달걀이나 중조를 배합하기도 한다. 달걀은 글루텐의 형태 유지를 도와 튀김옷에 어느 정도의 단단함을 주지만 달걀을 배합하면 튀긴 후 쉽게 눅눅해지므로 튀긴 직후 바로 먹는 것이 좋다. 중조를 배합하면 튀길 때 이산화탄소가 생성될 뿐 아니

바삭한 튀김옷을 만드는 법

튀김옷은 밀가루 중량의 1.5~2배의 물과 혼합하여 만들며 물의 온도는 15℃가 적당하다. 튀김옷을 만들 때 너무 저어 주거나 튀김옷을 미리 만들어 두면 끈기가 생기므로 밀가루가 듬성듬성 보일 정도로 섞고 튀기기 직전에 만들어서 사용한다. 튀김옷이 담긴 그릇은 차게 보관하는 것이 좋다.

라 수증기가 증발하므로 가볍고 바삭한 튀김옷을 만들 수 있다. 중조를 배합하면 달걀에 비해 오래 바삭한 상태를 유지할 수 있으나 너무 많이 사용하면 단단한 튀김옷이 되므로 밀가루의 0.2% 정도가 적당하다.

3) 연화작용

밀가루에 물을 넣고 반죽하면 글루텐이 발달하여 탄력성 있는 망상 구조를 형성한다. 유지는 글루텐 표면을 둘러싸서 글루텐이 지나치게 길게 연결되거나 너무 단단하고 질긴 망상 구조를 형성하지 못하도록 중간 중간 글루텐을 끊어주어 밀가루 제품을 부드럽고 바삭바삭하게 만드는데 이를 연화작용(쇼트닝작용)이라고 한다. 연화작용을 할 수 있는 유지의 능력을 쇼트닝 파워shortening power라고 한다. 쇼트닝 파워란 글루텐 표면을 덮어 글루텐의 발달을 억제하여 밀가루 제품의 텍스처를 부드럽게 하는 성질을 말한다. 유지의 연화작용은 유지의 특성, 유지의 사용량, 유지의 온도, 반죽 정도 등에 영향을 받는다.

(1) 지방산의 불포화도

유지를 구성하는 지방산의 불포화도는 글루텐을 둘러싸는 면적에 영향을 준다. 불포화지방산은 같은 탄소수의 포화지방산에 비해 더 넓은 면적을 덮을 수 있으며, 불포화지방산의 경우 이중결합 수가 많을수록 더 넓은 면적을 둘러쌀 수 있다. 한편 연화작용은 가소성과 관계가 있다. 포화지방산 함량이 높은 고체 형태의 지방은 잘 흐르지 못하여 글루텐 표면을 잘 둘러싸지 못 한다. 라드, 쇼트닝은 고체 지방과 액체 유지가 함께 섞여 있는데 액체 유지가 적당한 비율로 존재하여 가소성이 큰 지방은 밀가루 반죽 내에서 글루텐의 표면에 더 쉽고 더 넓게 퍼질 수 있어 더 큰 연화작용을 나타낸다.

(2) 유지의 사용량

유지의 양이 많을수록 연화작용이 증가한다. 연화작용이 조금 낮은 유지를 많이 사용하는 것이 연화작용이 큰 유지를 소량 사용하는 것에 비해 더 효과적이다.

(3) 유지의 온도

유지의 온도가 너무 낮으면 유지가 뭉쳐서 넓게 퍼지지 못하기 때문에 연화효과가 적지만, 온도가 적당히 높으면 더 넓게 퍼져서 연화작용이 증가하여 밀가루 제품은 더 연하고 부드러우며 켜도 많이 형성된다.

(4) 반죽 정도

크리밍(고체 지방과 설탕을 혼합하는 과정)이나 커팅(밀가루에 고체지방을 넣고 잘게 자르는 과정) 후 밀가루, 우유를 넣고 반죽하는 과정은 연화작용에 영향을 준다. 즉, 케이크 제조 시 너무 오래 반죽하면 글루텐이 많이 형성되어 연화작용이 감소하고 케이크가 잘 부풀지 못하고 단단해진다.

(4) 기타

반죽에 첨가된 지방이 유화액을 형성하여 분산되면 유지의 쇼트닝 파워가 감소한다. 즉, 반죽에 달걀을 넣으면 난황의 레시틴이 유화제로 작용하여 수중유적형 유화액을 만드는데 특히 묽은 반죽에 달걀을 첨가하면 쇼트닝 파워가 낮아진다. 기름은 고체지방보다 달걀을 사용하면 쇼트닝 파워가 더 크게 감소한다.

4) 유화

유화액은 친수성인 물과 소수성인 기름과 같이 섞일 수 없는 두 액체가 잘 섞여 균일하게 분산되어 있는 상태를 말한다. 대표적 유화식품에는 마요네즈와 프렌치드레싱이 있다.

(1) 마요네즈

마요네즈는 식물성 기름, 식초, 난황으로 만든 유화식품으로 시큼하면서 고소한 맛이 난다. 난황에 들어 있는 레시틴은 식물성 기름과 식초가 잘 혼합되도록 도와주는 유화제 역할을 한다. 마요네즈는 18~24℃에서 만드는 것이 좋으며, 기름의 온도가 16~18℃ 정도일 때 잘 분산된다. 마요네즈는 처음 기름을 첨가할 때 신속하고 충분히 교반해야 분리가 일어나지 않는다. 마요네즈는 기름을 너무 빨리 첨가하거나 한 번에 너무 많은 기름을 넣을 때, 유화제에 비해 기름의 양이 많을 때, 기름의 온도가 너무 낮을 때, 난황의 신선도가 낮을 때는 제조 도중 분리가 일어난다. 마요네즈의 분리는 냉장, 냉동 또는 너무 높은 온도에서 저장할 때, 뚜껑을 열고 보관할 때도 일어난다.

분리된 마요네즈의 재생

새로운 난황을 분리된 마요네즈에 조금씩 넣어 잘 저어주면 재생할 수 있다.

(2) 프렌치드레싱

프렌치드레싱은 주 재료인 기름과 식초를 보통 3:1로 혼합한 일시적 유화액으로 프랑스에서는 식초 소스라고 한다. 프렌치드레싱은 강하게 흔들면 유화 상태가 되지만, 흔들지 않고 그대로 두면 가벼운 기름방울이 결합하여 위로 떠올라 분리되므로 사용 직전에 잘 흔들어서 유화 상태를 만들어 사용해야 한다. 시판 프렌치드레싱은 유화 안정성을 높이기 위해 검질, 젤라틴 등을 넣어 유화 상태를 유지하고 있다.

5. 유지의 가공

1) 수소화

수소화(경화)는 불포화지방산의 이중결합에 수소가 첨가되어 녹는점이 높은 반고체 또는 고체 상태의 지방으로 변화되는 과정으로 마가린, 쇼트닝 등 가공 유지 제조에 이용된다. 수소화과정에서 불포화도 감소, 녹는점 상승, 이중결합의 위치 이동, 트랜스지방 생성 등이 일어난다. 최근 건강에 대한 관심이 높아지고 트랜스지방 함량 표시제가 시행되면서 수소화에 의한 유지 가공은 점차 감소되고 있다.

2) 에스터 교환

에스터 교환은 유지에 존재하는 중성지방의 지방산의 위치를 재배열하여 유지의 물리화학적 특성을 사용목적에 맞게 변화시키는 것으로 분자 내뿐 아니라 분자 간에 지방산을 재배치할 수 있다. 에스터 교환과정에서 거칠고 녹는점이 높은 라드는 지방산이 재배치되어 바람직한 가공 적성을 갖게 된다. 라드가 바람직한 결정형을 유지하려면 낮은 온도에 보관해야 한다.

지방 대체물질이란?

지방 대체물질fat replacer은 지방 특유의 고소한 맛과 향, 텍스처를 유지하면서 지방보다 적은 열량을 내는 물질이다. 지방 대체물질은 과잉 섭취 시 배가 쥐어짜듯 아프거나 설사를 일으키고 일부 지용성 비타민의 흡수 방해 등이 일어날 수 있다.

- 오트림oatrim : 귀리와 보리에서 얻은 수용성 식이섬유를 가공한 것으로 1kcal/g의 열량을 낸다.
- 심플레스simplesse : 건조분말 3~4kcal/g, 겔 1kcal/g의 열량을 내며 높은 온도로 가열하면 단백질이 변성되어 튀김 등에는 사용할 수 없다
- 살라트림salatrim : 베네펫Benefat이라는 상품명으로 판매되며 5kcal/g를 공급한다.
- 올레스트라olestra : 수크로스 분자에 8개의 지방산이 결합한 것으로 열량을 내지 않는다.

채소류 및 과일류

CHAPTER 12

CHAPTER 12 채소류 및 과일류

채소 및 과일류는 비타민과 무기질이 풍부하고, 셀룰로스와 펙틴 등의 식이섬유가 함유되어 있어 장을 자극하여 배변을 좋게 한다. 그 외에도 다양한 생리 활성을 나타내는 피토케미칼과 같은 특수 성분을 함유하고 있다.

1. 채소 및 과일의 종류와 특성

1) 채소류

채소류는 식용하는 부위에 따라 엽채류, 경채류, 인경채류, 근채류, 과채류, 그리고 화채류 등으로 구분된다.

(1) 엽채류

케일

엽채류는 식물의 잎 또는 줄기를 이용하는 채소류를 말하며 배추, 양배추, 시금치, 근대, 상추, 쑥갓, 갓, 미나리, 파슬리, 케일 등이 있다.

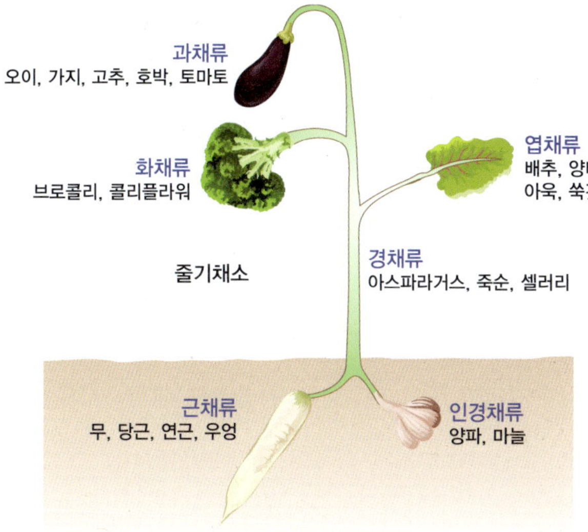

그림 12-1 **채소류의 구분**

아스파라거스

(2) 경·인경채류

경·인경채류는 땅 속에 있는 줄기의 싹, 잎 또는 비늘줄기를 이용하는 채소류를 말하며 파, 양파, 마늘, 아스파라거스, 죽순, 두릅 등이 있다.

연근

(3) 근채류

근채류는 뿌리 부분을 식용하는 채소이며 무, 당근, 연근, 우엉 등이 있다.

가지

(4) 과채류

과채류는 열매 부분을 식용으로 이용하는 채소이며 오이, 가지, 고추, 호박, 토마토 등이 있다.

콜리플라워

(5) 화채류

화채류는 꽃 부분을 식용하는 채소이며 브로콜리, 콜리플라워 등이 있다.

2) 과일류

배

(1) 인과류

꽃받침이 발달하여 결실한 과일로서 꼭지와 배꼽이 서로 반대편에 있다. 사과, 배, 모과, 레몬 등이 있다.

복숭아

(2) 핵과류

씨방이 성장하고 발달하여 결실한 과일로서 과일의 중간에 핵 층이 있고 그 속에 종자가 있다. 자두, 살구, 대추, 앵두, 체리, 복숭아 등이 이에 속한다.

무화과

(3) 장과류

즙이 많은 육질로 구성되어 있으며 중과피와 내과피로 구성된 과일로서 포도, 무화과, 딸기 등이 있다.

은행

(4) 견과류

견과류는 외피가 단단해진 것으로 밤, 호두, 잣, 은행, 아몬드 등이 있다.

2. 채소 및 과일의 구성 성분

1) 채소의 구성 성분

채소류는 종류에 따라 영양 성분에 차이가 있으나 일반적으로 수분 함량이 90% 이상이고 비타민 A와 비타민 C의 함량이 높다. 엽채류는 클로로필이 넓게 분포되어 있고, 근채류는 다른 채소류에 비해 당질의 함량이 높은 편이다.

2) 과일의 구성 성분

과일류는 종류에 따라 영양 성분에 차이가 있으나, 대체로 비타민과 무기질이 풍부

표 12-1 채소류의 구성 성분

(가식부 100g당 함량)

구분	종류	에너지 (kcal)	수분 (g)	단백질 (g)	지방 (g)	탄수화물		무기질			비타민				
						당류 (g)	총식이섬유 (g)	칼슘 (mg)	인 (mg)	철 (mg)	베타카로틴 (μg)	B_1 (mg)	B_2 (mg)	니아신 (mg)	C (mg)
엽채류	배추	15	94.8	1.75	0.04	1.75	1.4	53	40	0.36	145	0.022	0.052	0.416	15.16
	양배추	33	89.7	1.68	0.08	4.79	2.7	45	35	0.27	13	0.035	0.033	0.573	19.56
	시금치	29	89.6	3.35	0.39	0.40	3.1	66	75	2.49	5164	0.125	0.191	0.707	51.12
	상추	29	90.6	1.80	0.20	-	-	84	33	8.70	1095	0.230	0.160	0.400	45
경채류	셀러리	17	93.9	1.04	0.07	0	2.2	88	36	0.28	683	0.041	0.089	0.805	10.60
	아스파라거스	17	94.5	2.02	0.34	1.35	1.7	11	55	0.47	207	0.073	0.097	0.083	14
	죽순	24	91.6	3.48	0.22	1.11	2.8	14	66	0.39	14	0.043	0.165	0.271	8.03
인경채류	양파	29	92.0	0.95	0.04	5.74	1.7	15	27	0.20	2	0.035	0.011	0.099	5.88
	마늘	128	64.8	7.45	0.16	0.23	3.8	12	156	0.78	0	0.145	0.161	0.498	8.45
근채류	당근	31	91.1	1.02	0.13	6.23	3.1	24	42	0.28	5516	0.037	0.062	0.882	3.02
	무	20	94.3	0.67	0.12	1.79	1.1	23	34	0.16	2	0.059	0.021	0.211	8.65
과채류	가지	19	93.9	1.13	0.03	2.32	2.7	16	35	0.26	52	0.035	0.163	0.366	0
	오이	14	95.2	1.22	0.02	1.38	0.7	18	39	0.20	61	0.002	0.034	0.091	11.25
	풋고추	29	91.1	1.71	0.19	1.80	4.4	15	38	0.50	458	0.008	0.076	0.558	43.95
화채류	브로콜리	32	89.4	3.08	0.20	0.79	3.1	39	68	0.80	264	0.033	0.143	1.024	29.17

자료 : 농촌진흥청 국립농업과학원. 국가표준식품성분표 제10개정판, 2021.

하다. 수분이 80~90%로 높은 편이고, 아보카도나 코코넛을 제외한 대부분의 과일의 지질 함량은 낮은 편이다.

과일의 맛을 내는 성분은 당과 유기산이다. 당은 과일에 단맛을 부여하고 대부분의 과일에는 글루코스와 프럭토스가 많지만 바나나, 복숭아, 감귤류에는 설탕이 많다. 유기산은 과일에 신맛을 부여하며, 구연산citric acid은 감귤류와 토마토에 함유되어 있고, 주석산tartaric acid은 포도에, 그리고 사과산malic acid은 사과·체리·복숭아·배·딸기에 많이 함유되어 있다.

과일의 세포에는 다양한 효소가 존재한다. 갈변과 관련 있는 폴리페놀옥시다제polyphenoloxidase가 있고, 단백질 분해효소도 일부 과일에 존재한다.

표 12-2 과일류의 구성 성분

(가식부 100g당 함량)

구분	종류	에너지 (kcal)	수분 (g)	단백질 (g)	지방 (g)	탄수화물		무기질			비타민				
						당류 (g)	총식이섬유 (g)	칼슘 (mg)	인 (mg)	철 (mg)	베타카로틴 (μg)	B_1 (mg)	B_2 (mg)	니아신 (mg)	C (mg)
인과류	사과	57	84.8	0.2	0.66	10.93	2.0	3	10	0.11	10	0.017	0.022	0.353	1.32
	배	45	86.9	0.29	0.04	8.30	1.1	2	13	0.06	0	0.022	0.063	0.139	2.65
핵과류	복숭아	49	85.8	0.59	0.04	9.45	2.6	4	24	0.11	3	0.022	0.023	0.29	2.1
	살구	30	90.9	1.2	0.05	7.39	1.9	15	22	0.45	2280	0.078	0.032	0.157	-
	앵두	61	82.9	1.1	0.3	-	-	23	30	0.5	4	0.06	0.04	0.7	17
장과류	딸기	34	90.4	0.7	0.07	6.09	1.4	17	30	0.33	9	0.081	0.062	0.4	67.11
	포도	57	83.9	0.5	0.1	11.9	1.4	3	17	0.11	29	0.113	0.026	0.274	2.42
	무화과	57	84.6	0.6	0.1	10.8	1.9	26	16	0.3	15	0.03	0.03	0.2	0
견과류	밤	151	61.5	3.28	0.50	4.95	5.4	16	69	0.84	29	0.082	0.065	1.638	15.98
	호두	688	2.9	15.47	71.99	0	6.7	81	355	2.49	26	0.047	0.282	2.872	0

자료 : 농촌진흥청 국립농업과학원. 국가표준식품성분표 제10개정판, 2021.

3. 채소 및 과일의 조리 시 변화

채소 및 과일은 기본 조리조작, 가열, 삼투압, 산화, 양념과의 작용 등으로 인해 색, 향, 맛, 텍스처, 그리고 영양소의 변화가 일어난다. 이러한 변화는 채소 및 과일 자체의 성분 손실을 가져오므로 성분 손실을 최소화하는 방법을 모색해야 한다.

1) 색의 변화

채소 및 과일의 색소 중 지용성 색소는 클로로필, 카로티노이드가 있고, 수용성 색소로는 안토시아닌, 안토잔틴, 그리고 베타레인이 있다.

(1) 클로로필

클로로필은 세포 내의 엽록체에 존재하며 녹색채소 잎에 많이 함유되어 있다. 클로로필의 구조는 클로로필 분자 중심에 마그네슘 원자가 있으며, 질소 원자와 결합한

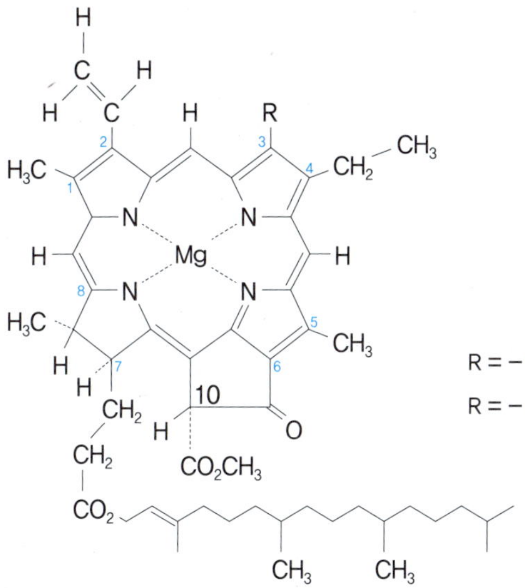

R = – CH_3 : 클로로필 a

R = – CHO : 클로로필 b

그림 12-2 **클로로필의 구조**

4개의 포피린 고리를 형성한다. 피톨기는 한 개의 피롤그룹과 에스터 결합되어 있다. 이러한 피톨의 긴 탄소사슬로 인해 클로로필은 지용성 성질을 갖게 되지만, 조리과정에서 가열, 산, 알칼리, 효소 등의 영향 받아 수용성화되고 색이 변한다.

① 가열과 산성용액의 영향

산성용액에서의 클로로필은 결합되어 있는 마그네슘이 수소이온으로 대치되어 페오피틴이 되며, 황록색을 띤다. 녹색채소를 가열할 때, 냄비 뚜껑을 열고 가열하면 휘발성 유기산이 휘발되기 때문에 색의 변화를 예방할 수 있다. 조직이 물러질 때까지 조리시간이 길어지면 페오피틴에 결합하고 있던 피톨이 제거되어 수용성인 황색의 페오포바이드로 된다.

② 알칼리성 용액의 영향

알칼리성 용액에서의 클로로필은 피톨과 메틸기가 가수분해되어 청록색의 수용성인 클로로필린이 된다. 녹색 채소를 가열할 때 식소다를 소량 넣어 주면 색은 선명해지지만, 세포벽의 헤미셀룰로스가 알칼리에 의하여 분해되어 조직감이 물러지고, 티아민과 비타민 C 등이 손실된다.

그림 12-3 용액에 따른 시금치 색의 변화

③ 조직의 절단에 의한 영향

녹색채소에는 클로로필을 분해하는 효소인 클로로필라제가 존재한다. 클로로필라제의 최적온도는 75~80℃이며, 이 온도에 도달하면 클로로필에서 피톨이 제거되어 진한 청록색을 띠는 수용성 클로로필라이드가 형성된다. 따라서 녹색채소를 물에 데치면 수용성인 클로로필라이드가 침출되어 조리수를 푸르게 물들인다.

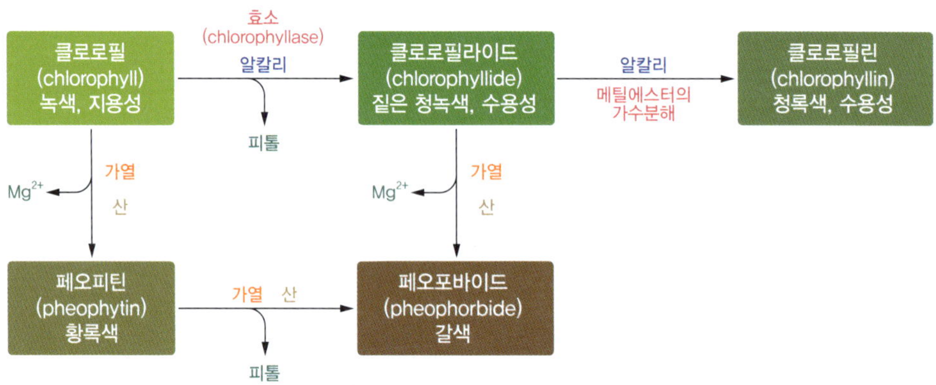

그림 12-4 조리 시 클로로필의 변화

(2) 카로티노이드

카로티노이드는 유색체에 존재하거나 엽록체에 클로로필과 함께 존재하는 지용성 색소로서 황색, 주황색, 적색을 나타낸다. 카로티노이드는 카로틴류와 잔토필류로 나뉜다. 잔토필류의 구성 원소는 C, H 외에 O가 있다. 카로티노이드 중 α, β 및 γ- 카로틴과 크립토잔틴 등은 체내에서 비타민 A로 전환되므로 프로비타민 A라고도 부른다. 당근에는 α, β, 그리고 γ- 카로틴이 들어 있고, 토마토에는 리코펜이 함유되어 있다. 크립토잔틴은 황색채소에 많이 존재한다.

카로티노이드는 산, 알칼리에 영향을 받지 않고 열에 비교적 안정하여 조리 시 색의 변화가 적다. 그러나 카로티노이드는 이중결합이 많아 장시간 가열하거나 산소와 접촉 시 색소가 산화하여 퇴색한다.

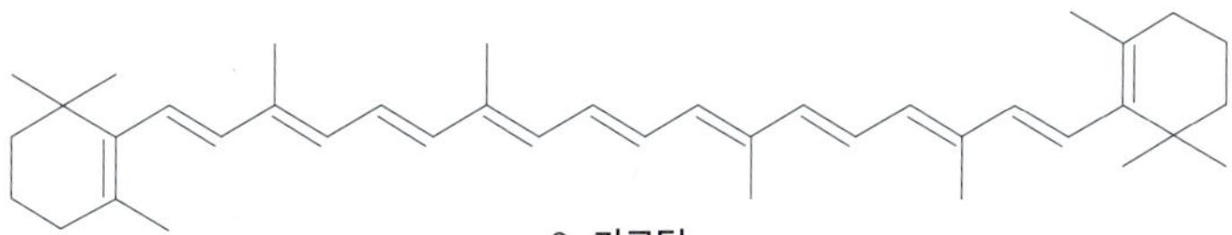

β–카로틴

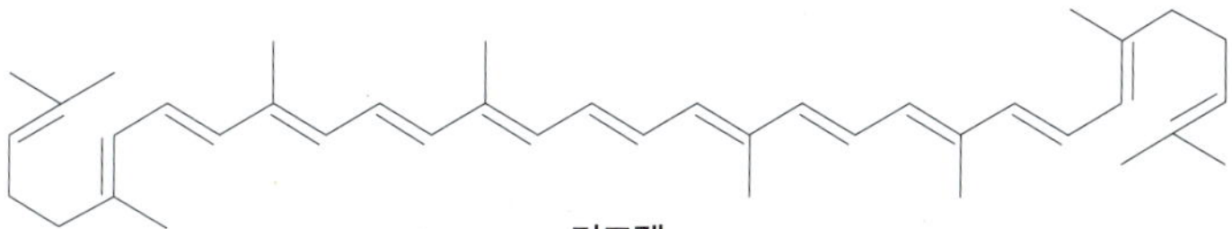

리코펜

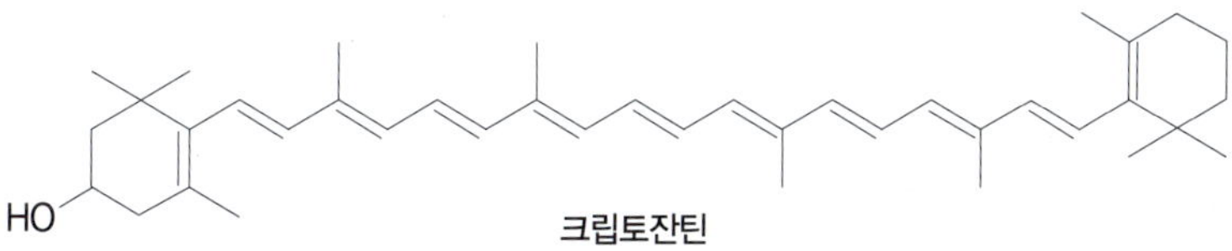

크립토잔틴

그림 12–5 **카로티노이드의 구조**

(3) 플라보노이드

플라보노이드는 식물체의 액포 중에 존재하며 자연계에서 발견되는 종류는 수천 종에 달한다.

① 안토시아닌

보라색이나 적색을 나타내는 과일과 채소에는 안토시아니딘과 당이 결합된 안토시아닌이 존재한다. 안토시아닌의 색은 안토시아니딘의 구조에 기인한다. 페닐기에 결합한 하이드록실기-OH의 수가 증가할수록 청색이 진해지고, 메톡실기-OCH_3의 수가 증가

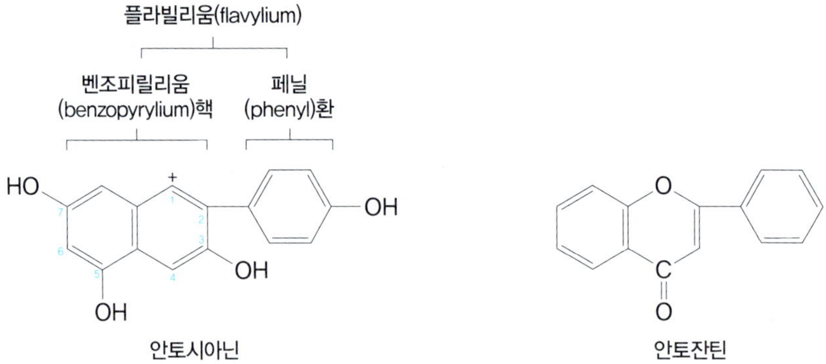

그림 12-6 **안토시아닌과 안토잔틴의 기본구조**

할수록 적색이 강해진다.

안토시아닌은 수용성으로 조리과정 중에 매우 불안정한 색소이다. 안토시아닌은 pH에 따라 색이 달라진다. pH가 낮은 산성에서는 적색을 나타내고, 중성에서는 자색을, 그리고 pH가 높은 알칼리성에서는 청색을 나타낸다.

또한 철, 알루미늄, 주석, 구리 등의 금속 이온에 의해서도 청색 또는 녹색 계열로 색이 변한다. 따라서 철과 주석으로 만든 통조림의 경우 에나멜 코팅을 하여 색의 변화를 방지해야 한다. 안토시아닌은 산화되면 갈변하는데, 오래된 포도주가 갈변이 일어나는 것은 산화에 의한 것이다.

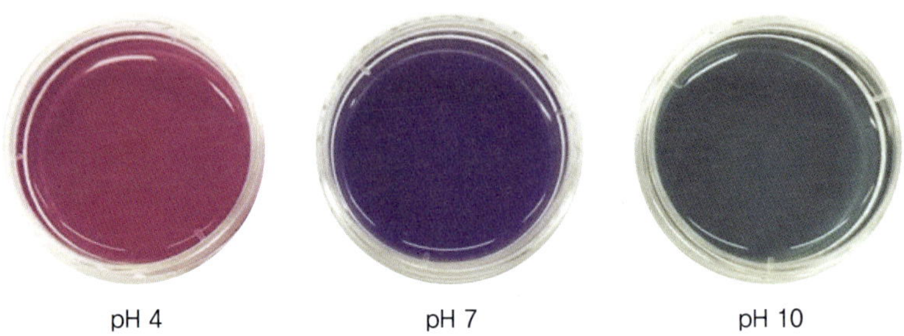

그림 12-7 **붉은 양배추 착즙액의 pH에 따른 색 변화**

② 안토잔틴

안토잔틴은 연근, 감자, 양파, 우엉, 무 등에 존재하는 백색 또는 담황색을 띠는 수용성 색소이다. 유리 상태로 존재하기도 하지만 주로 당과 결합된 배당체로 존재한다. 구조에 따라 플라본, 플라보놀, 플라바논, 플라바노올, 이소플라본의 5가지로 분류된다. 안토잔틴은 산에는 안정하여 무색을 띠지만, 알칼리에서는 불안정하여 황색, 갈색을 띤다. 밀가루 반죽을 만들 때 탄산수소나트륨을 첨가하면 황색을 띠는 경우가 그 예이다. 또한 안토잔틴은 금속과도 쉽게 결합하여 변색되는데, 예를 들어 양파를 알루미늄 팬에 가열하면 약한 노란색으로 변하게 된다.

물 식초 식소다

그림 12-8 **용액에 따른 양파 색의 변화**

(4) 베타레인

베타레인은 비트나 순무같이 붉은색을 나타내는 근채류에 함유되어 있는 수용성 인돌 유도 색소이다. 안토시아닌과 비슷하지만 질소가 함유되어 있어 구조가 다르다. 베타레인에는 적색을 나타내는 베타시아닌과 황색을 나타내는 베타잔틴이 있으며, 수용성이 커서 물에 잘 용출된다. 산성에서는 선명한 적색, 알칼리에서는 검붉은색을 나타낸다.

pH 4 pH 7 pH 10

그림 12-9 **비트 착즙액의 pH에 따른 색 변화**

2) 갈변

(1) 효소적 갈변

연근, 우엉 등의 채소와 사과, 바나나, 복숭아, 살구 등의 과일에는 폴리페놀 화합물이 함유되어 있다. 이러한 채소와 과일의 껍질을 벗기거나 잘라놓으면 폴리페놀옥시다제의 작용으로 갈변하게 된다. 이러한 현상은 폴리페놀 산화효소에 의하여 폴리페놀화합물이 산소와 반응하여 퀴논화합물을 형성하고, 이 퀴논화합물이 계속 산화·축합되어 멜라닌 색소를 형성하기 때문이다. 과일의 갈변은 바람직하지 않지만, 홍차나 우롱차 제조 시의 갈변현상은 바람직한 예이다.

(2) 갈변 예방법

채소나 과일에서의 갈변 예방은 산소, 효소, 페놀 화합물 중 한 가지를 제거하면 가능하다. 갈변을 예방하는 방법은 표 12-3과 같다.

표 12-3 갈변 예방법

종류		방법
효소	pH	폴리페놀옥시다제의 최적 pH 5.8~6.8의 범위를 벗어나게 보관
	온도	고온으로 가열 시 효소를 변성시켜 작용을 제어함 -10℃ 이하로 동결 저장 시 효소작용이 억제됨
산소	공기 차단	진공포장하거나 물, 설탕물, 소금물에 담가 산소를 차단함
	산소 대체	탄산가스나 질소가스로 대체하여 산소의 작용을 차단함
기질	아황산염 사용	기질을 환원시켜 효소의 공격을 차단함
	-SH 화합물 사용	시스테인, 글루타티온을 사용하여 환원시킴
	비타민 C 등	기질을 환원시켜 산화를 방지함

아황산염

아황산염은 건조과일의 갈변과 와인의 산화 등을 방지하기 위해 사용된다. 아황산염은 대체로 안전하지만 천식 환자의 경우 아황산염이 든 식품을 섭취하면 알레르기 등과 같은 과민반응이 나타날 수 있으므로 주의해야 한다.

3) 향미의 변화

채소와 과일의 향미 성분은 유기산, 당분, 전분, 무기질, 함황 물질 등이며, 채소와 과일의 종류에 따라 성분 함량이 다르다. 유기산과 유리당은 수용성이기 때문에 성분이 휘발되거나 쉽게 용출되어 오래 가열하면 본연의 향기를 잃게 된다. 채소를 끓이거나 삶을 때 냄비 뚜껑을 닫고 조리하면 향미 성분이 보유된다. 이때 녹색채소의 경우에는 색 변화가 일어나지만 담색채소의 경우에는 색의 변화가 거의 없기 때문에 채소의 종류에 따라 조리법을 달리 해야 한다. 또한 다량의 물에 조리하게 되면 수용성 맛 성분, 당분, 유기산 등이 조리수에 용출된다. 따라서 채소의 향미를 유지하기 위해서는 채소가 익을 정도의 소량의 물에 뚜껑을 닫고 조리하면 향미 성분을 보유할 수 있다.

배추를 가열하면 알릴이소티오시아네이트가 분해되어 디메틸디설파이드와 황화수소를 생성하여 향미가 강해진다. 마늘에는 냄새를 내는 물질의 전구체인 알린이 존재한다. 마늘을 썰거나 다지면 알린은 알리나제에 의해 알리신을 형성하여 매운맛을 낸다. 마늘의 매운맛은 가열에 의해 감소되므로 마늘의 향을 살리기 위해서는 불에서 내

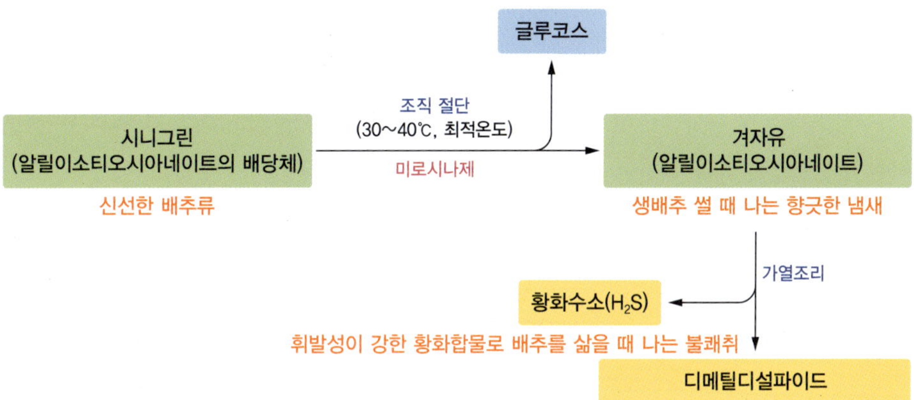

그림 12-10 **배추의 향미 변화**

돼지고기와 마늘을 함께 먹으면?

마늘의 알리신과 돼지고기의 티아민이 결합하여 활성 비타민인 알리티아민을 형성한다. 알리티아민은 티아민의 체내 흡수와 이용률을 높여 피로 회복과 활력 증진에 도움을 준다.

려놓기 직전에 마늘을 넣는 것이 바람직하다. 양파를 가열하면 매운맛 성분이 *n*-프로판티올에 의한 강한 단맛으로 바뀐다.

4) 텍스처의 변화

채소를 가열하면 식이섬유는 어느 정도 연화되고 헤미셀룰로스는 부분적으로 분해된다. 식이섬유가 많은 질긴 채소를 삶을 때 알칼리를 첨가하면 헤미셀룰로스의 분해로 단시간에 식이섬유가 연화되나 산을 첨가하면 채소의 질감이 단단해진다. 또한 조리과정에서 펙틴 물질이 용해되어 채소는 연해진다. 칼슘이온이나 마그네슘이온이 들어 있는 조리용액에 채소를 데치거나 삶으면 펙틴 물질이 이들과 작용하여 불용성 복합체를 형성하여 채소의 질감이 단단해진다.

5) 성분의 변화

채소와 과일은 조리과정에서 영양 성분의 변화가 일어나며, 주 원인은 산화에 의한 파괴, 수용성 비타민의 용해, 그리고 알칼리에 의한 분해 등이다. 비타민 C는 수용성이고 쉽게 산화되기 때문에 조리과정에서 가장 손실되기 쉽다. 비타민 A는 지용성으로 조리 중 비교적 안정한 비타민이지만 산화에 의해 쉽게 파괴된다. 비타민 B_1은 조리 온도에 의해 불안정하다.

조리용액이 알칼리일 때 비타민 C, 비타민 B_1, 비타민 B_2의 파괴가 일어난다. 녹색 채소를 조리하는 과정 중에 색을 선명하게 유지하기 위해 중조를 첨가할 때가 있는데, 이로 인해 위의 비타민들이 파괴되므로 사용하지 않는 것이 바람직하다.

수용성 비타민들이 조리수에 용출되는 양을 줄이기 위해서는 껍질째 또는 통째로 조리한 후 적당한 크기로 자르는 것이 바람직하다.

6) 잼과 젤리

대부분의 과일은 펙틴을 가지고 있어 적당량의 당과 산이 존재하면 잼과 젤리 같은 펙틴 젤을 만들 수 있다. 펙틴은 실온에서 젤화한다. 과즙에 적당량의 설탕을 첨가한 후 가열하여 펙틴 농도 1~1.5%, pH 3.0~3.5, 설탕 60~65% 농도를 갖게 되면 펙틴 젤이 형성된다.

펙틴 분자는 갈락투론산이 연결된 복합다당류로서, 음전하($-COO^-$)를 띤 친수성 콜로이드 상태로 존재한다. 이 펙틴 콜로이드 용액에 설탕을 첨가하면, 펙틴 분자에 수화되어 있는 물 분자들이 설탕의 수화에 이용되어 제거되므로 불안정하고 침전되기 쉬운 상태로 변한다. 과일 내의 유기산에 의해 형성된 수소이온H^+에 의해 펙틴 분자 표면의 음전하가 중화되면, 펙틴 분자의 안정성이 감소되어 펙틴 분자들이 서로 결합하여 3차원의 망상 구조를 형성하게 한다.

(1) 펙틴질

펙틴질에는 불용성인 프로토펙틴과 수용성인 펙틴, 펙틴산, 펙트산으로 나눌 수 있다.

- 프로토펙틴protopectin : 펙틴의 모체가 되는 물질로서 미숙한 과일에 존재한다. 물에 불용성이나 가열하면 수용성인 펙틴과 펙틴산으로 가수분해되며, 젤 형성을 못한다.
- 펙틴pectin : 분자 내 유기산의 상당수가 메틸에스터화된 폴리갈락투론산으로 최적 농도의 설탕과 산의 존재하에서 함께 가열하면 젤을 형성한다.
- 펙틴산pectinic acid : 분자 속에 유기산의 일부가 메틸에스터기를 가진 갈락투론산의 중합체이며, 당이나 산 또는 금속염기 등의 존재로 젤을 형성한다.
- 펙트산pectic acid : 과일이 과숙함에 따라 펙틴산이 펙틴메틸에스테라제의 작용을 받아 에스터기가 없는 것으로 젤 형성능력이 없으며, 산성에서는 물에 녹지만 칼슘염 등은 침전한다.
- 갈락투론산galacturonic acid : 펙트산에 폴리갈락투로나제가 작용하여 당류로 분해된 형태로 젤 형성능력이 없다.

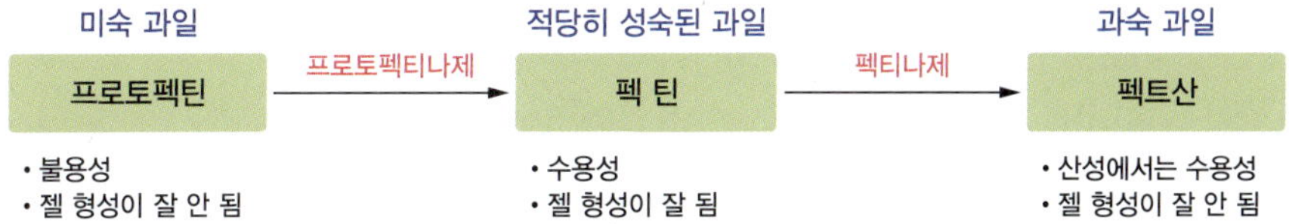

그림 12-11 과일의 숙성에 따른 펙틴질의 변화

(2) 당

펙틴의 분자량이 클수록 젤을 형성할 때 당과 산이 소량 필요하다. 메톡실기가 7% 이상인 고메톡실 펙틴은 고농도의 설탕이 필요하지만, 메톡실기가 7% 이하인 저메톡실 펙틴은 당이나 산의 양에 관계없이 Ca^{++} 또는 Mg^{++}이 존재할 때 젤을 형성하므로 당의 농도가 낮은 저열량 잼이나 젤리의 제조에 사용할 수 있다.

(3) 산

고메톡실 펙틴에서는 pH 3에서 젤 강도가 최대로 되고, pH 3을 벗어나면 강도의 저하가 현저하다. 따라서 pH를 3 정도로 조정하는 것이 바람직하다. 저메톡실 펙틴은 pH에 대한 영향이 크지 않으며, pH 2.5~6.5의 범위에서 젤을 형성할 수 있다.

4. 숙성과 저장

채소와 과일은 수확 후에도 호흡작용, 증산작용, 추숙작용, 생장작용 등이 진행된다.

- 호흡작용 : 이산화탄소 방출, 수분의 탈수, 에틸렌 가스 발생 등
- 증산작용 : 탈수되어 시들게 되고 향기 성분도 증발
- 추숙작용 : 미숙한 상태에 수확해도 시간이 경과됨에 따라 익어감
- 생장작용 : 고구마, 감자, 양파 등은 적당한 온도와 습도에서 발아되어 본래의 영양소 저하

1) 숙성

과일은 숙성되면서 전분이 분해되고 글루코스, 프럭토스의 함량이 증가되어 단맛이 증가한다. 또한 pH 저하, 휘발성 향기 물질의 생성, 그리고 펙틴 함량이 감소되어 육질이 연해진다. 과일은 호흡기 과일과 비호흡기 과일로 구분되며, 호흡기 과일의 경우 숙성되면서 이산화탄소 방출량이 증가된다.

호흡기 과일은 수확 후에 호흡속도가 급속히 증가되므로 덜 익은 상태에서 수확한 다음 실온에서 저장하여 숙성시킨다. 비호흡기 과일은 수확 후에 호흡률이 증가되지

않으므로 충분히 숙성된 후에 수확하는 것이 바람직하다.

- 호흡기 과일 : 바나나, 키위, 멜론, 복숭아, 살구, 배, 감, 자두, 망고, 파파야, 아보카도, 구아바, 단감, 캔털루프 등
- 비호흡기 과일 : 딸기, 포도, 감귤류, 체리, 블루베리, 올리브, 파인애플 등

파파야

에틸렌은 과실의 생장, 호흡, 성숙 등을 유도하거나 조절하는 식물 호르몬이며, 키위, 바나나 등의 호흡기 과일은 후숙을 위해 에틸렌 가스를 이용한다. 호흡기 과일을 사과와 함께 보관하면 사과에서 방출되는 에틸렌 가스에 의해 숙성이 촉진되지만, 딸기와 같은 비호흡기 과일은 에틸렌 가스에 의해 품질이 저하될 수 있다.

구아바

2) 저장

캔털루프

채소와 과일을 냉장온도로 저장하면 효소작용이 억제되고 호흡률이 저하되어 신선도가 높아지고, 수분 증발로 인한 질감 저하를 예방해 준다. 채소나 과일을 냉장 저장할 때에는 구멍을 낸 비닐봉투나 뚜껑이 있는 용기에 넣어 마르지 않도록 보관한다. 열대과일은 냉장 보관하면 저온장해로 인한 연부현상이 일어나므로 신선도를 유지하기 위해서는 실온에서 저장하는 것이 바람직하다.

허니듀

또한 공기 중의 산소 대신 질소나 이산화탄소 등의 기체로 대치시키면 채소나 과일의 대사활동이 억제되어 저장성을 갖는다. 가스 저장 중 CA 저장Controlled atmosphere storage은 저장용기 중의 산소, 이산화탄소, 질소 등을 일정하게 유지하기 위해 부족한 가스를 보충하여 조절하는 방법이다.

해조류 및 버섯류

CHAPTER 13

1. 해조류
2. 버섯류

CHAPTER 13 해조류 및 버섯류

1. 해조류

1) 해조류의 종류와 특성

해조류는 광합성을 통해 독립영양생활을 하는 바다에 분포하는 생물이다. 바다의 얕은 곳에는 적색광을 이용하는 녹조류, 깊은 바다로 갈수록 황색광을 이용하는 갈조류, 그리고 청색광을 이용하는 홍조류가 분포한다. 우리나라 연안에 서식하고 있는 해

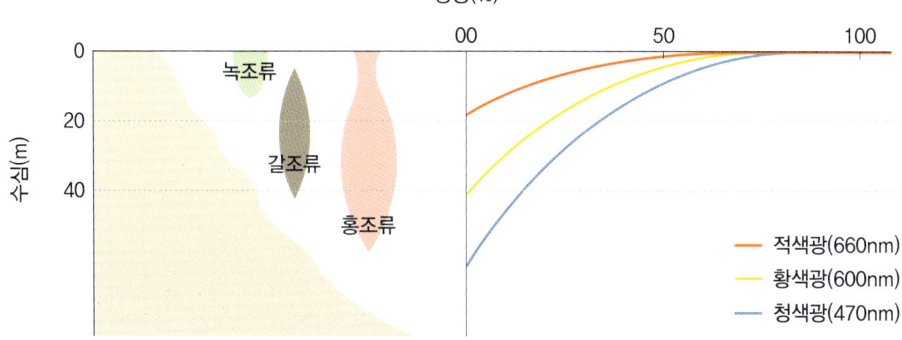

그림 13-1 빛의 파장에 따른 해조류의 분포

조류는 약 400여 종으로 알려져 있으나 식용이 가능한 것은 50여 종이다. 그중 우리나라에서 많이 이용하는 해조류는 미역, 김, 다시마 등으로 주로 건조 상태로 유통되어 식품 조리에 이용한다. 그 외에도 해조류는 저열량 식품의 소재, 증점제, 안정제 등 식품 가공의 원료로 이용된다.

(1) 녹조류

녹조류는 클로로필 a와 b, 카로티노이드계 색소, 잔토필계 색소가 함유되어 있으며 녹색을 띤다. 종류로는 파래, 청각, 클로렐라, 매생이 등이 있다.

① 파래

건파래

파래는 민물이 바다와 만나는 해안 근처의 바위 위에서 서식한다. 생 파래는 초무침을 하고, 주로 김에 섞어 파래김으로 많이 이용한다. 그 외에도 국, 전, 죽, 장아찌 등의 조리에도 이용한다.

② 청각

청각은 얕은 바닷 속의 조개껍데기나 바위, 암석 등에 붙어서 서식하며, 염장 또는 건조하여 저장한다. 우리나라의 남부지방에서는 김치에 고명으로 사용하기도 하며, 그 외에 생으로 먹거나 무침으로 이용한다.

③ 클로렐라

클로렐라는 번식력이 강하고 다량의 필수아미노산, 식이섬유, 비타민과 무기질 등이 함유되어있어 기능성 생물 소재로 기대되고 있다. 특히 CGFchlorella growth factor라는 물질이 들어 있어 환자의 병을 회복하는데 도움을 주고, 어린이들의 성장 발육에 효과가 있는 것으로 알려져 있다. 최근까지 클로렐라를 물김치, 쿠키, 유과, 국수 등에 첨가하여 품질 특성을 살펴본 연구가 보고되었다.

④ 매생이

매생이는 우리나라의 전라남도 지방 특산품이다. 예로부터 숙취 해소, 피로 회복 등의 효과가 있는 것으로 알려져 있다. 매생이는 주로 국으로 이용되었으나 최근에는 국수, 어묵, 만두피 등에 첨가하는 다양한 연구가 이루어지고 있다.

(2) 갈조류

갈조류는 클로로필 a와 c, 푸코잔틴을 함유한다. 종류로는 미역, 다시마, 톳, 모자반 등이 있다.

① 미역

건미역

미역은 우리나라 전역에 분포하며, 특히 전라남도의 완도, 진도, 고흥, 경상남도 기장 등이 주산지이다. 주로 건조 또는 염장 가공하여 유통되고 있으며, 이러한 건미역과 염장 미역은 연중 구입이 가능하다. 미역은 국, 쌈, 초무침, 부각, 장아찌 등으로 조리되며, 특히 미역국은 요오드, 철분, 칼슘을 많이 함유하고 있어 산후조리용 음식으로 이용한다. 미역국은 지역에 따라 쇠고기, 홍합, 조개, 옥돔, 성게, 해삼 등의 재료와 함께 조리한다.

② 다시마

건다시마

다시마는 곤포, 해태로도 불리며, 주산지는 거제도, 흑산도, 제주도이다. 다시마는 주로 알긴산, 라미나린, 식이섬유로 구성되어 있다. 다시마 표면의 하얀 가루 성분은 당알코올인 만니톨이다. 다시마에 함유되어 있는 글루탐산 등의 아미노산 성분은 감칠맛을 내어 장국 국물 등의 맛을 내는데 이용한다. 국물을 낼 때에는 찬물에 담갔다가 5~10분 정도 끓인 후 바로 건져 낸다. 다시마는 전, 쌈, 튀각, 볶음, 조림 등의 조리에 이용한다. 최근에는 차의 원료로도 사용되고 있다.

③ 톳

톳

톳은 우리나라의 서남해안과 제주도에서 주로 생산된다. 봄과 여름에 채취되며 그 외의 계절에는 건조된 상태로 유통된다. 건조된 톳은 물에 불린 뒤 뜨거운 물에 살짝 데쳐 색이 파랗게 변하면 물에 헹궈 조리에 이용한다. 톳은 주로 무침을 하며, 밥과 국 조리 시에도 이용한다.

④ 모자반

모자반은 모자반과에 속하는 대형 갈조류를 말하며, 제주도에서는 몸이라고도 한다. 국, 무침, 전, 장아찌 등의 조리에 이용한다.

(3) 홍조류

홍조류는 클로로필 a, 피코에리트린, 피코시아닌 등의 색소를 함유한다. 종류로는 김, 우뭇가사리 등이 있다.

① 김

김은 우리나라의 서남해안, 전라남도 완도 등지에서 양식된다. 김은 국내 양식 해조류 중 미역, 다시마 다음으로 많이 생산된다. 2017년도에는 마른김, 구운김, 조미김 3종류가 국제식품규격위원회CODEX에서 아시아 지역 규격으로 채택되었다. 김은 검은색에 광택이 있고 불순물이 적으며 잘 건조된 것이 좋다. 김은 3개월 내에 색, 냄새, 맛 등이 변하므로 빠른 기간 내에 소비하는 것이 바람직하며, 저장 시에는 밀봉하여 냉동 보관한다. 김은 국, 부각, 장아찌, 전 등의 조리에 이용한다.

② 우뭇가사리

우뭇가사리의 주성분은 중성 다당류인 아가로스이고, 그 외에도 아가로펙틴 등이 함유되어 있다. 아가로스는 젤 형성능력이 뛰어나고 한천에 응고성을 준다. 우뭇가사리는 국, 묵 등의 조리에 이용되고, 한천의 원료로 사용된다.

2) 한천의 조리 특성 및 이용

(1) 한천의 조리 특성

한천은 우뭇가사리를 끓인 뒤 즙을 분리하여 응고시켜 수분을 건조하여 제조한다.

① 흡수와 팽윤

한천은 물에 담그면 물을 흡수하고 팽윤하여 부피가 커진다. 물의 흡수율과 팽윤되는 정도는 한천의 종류, 물의 pH, 온도, 침지시간 등에 따라 다르다. 각한천과 실한천은 약 2시간 정도 침지하면 80% 정도의 물을 흡수하며, 10시간 내에서는 침지시간이 경과함에 따라 흡수율도 증가한다. 분말한천은 약 10분 정도 침지하면 80% 정도의 물을 흡수하며 침지시간에 따른 영향이 크지 않다.

② 가열 융해

흡수 팽윤된 한천을 물과 함께 가열하면 융해한다. 한천의 융해온도는 80~100℃이며, 한천 농도가 낮을수록 빠르고 온도도 낮다. 조리 시 사용되는 한천의 농도는 0.5~1.5%이며 농도가 2% 이상이 되면 융해하기 어렵다. 과즙, 설탕, 팥앙금 등을 첨가하면 한천의 농도가 2% 이상으로 해야 하는데, 이때는 한천의 농도가 2% 이하가 되게 물을 넣고 가열하며 수분을 증발 및 농축시켜 농도를 조절해야 한다.

③ 응고

융해된 한천액을 냉각하면 약 35℃ 부근에서 점도가 증가하고 3차원의 망상 구조를 형성하여 유동성을 잃고 젤을 형성한다. 0.2~0.3% 정도의 낮은 농도에서도 보수성이 강한 젤을 형성한다. 한천의 젤화 온도는 농도에 비례하여 농도가 높을수록 높은 온도에서 응고하며 젤의 강도도 크다.

한천에 설탕을 첨가하면 점성, 탄력성, 투명도가 증가한다. 또한 설탕의 농도가 높을수록 젤의 강도도 증가한다. 한천용액에 과즙을 넣고 가열하면 과즙의 유기산에 의한 가수분해로 젤의 강도가 낮아진다. 따라서 한천용액을 60~70℃ 정도로 가열한 후 과즙을 첨가한다. 많은 양의 우유를 첨가하는 경우, 우유의 지방과 단백질이 한천 젤의 망상 구조 형성을 저해하여 젤리의 강도가 약해진다. 따라서 우유를 첨가할 때에는 한천의 농도를 높여 주어야 한다. 양갱의 주재료인 팥앙금, 밤, 고구마 등은 비중이 높아 가라앉을 수 있다. 따라서 한천과의 분리를 예방하기 위해서는 한천 젤이 응고되기 직전 온도인 약 40℃에 첨가하여 잘 섞이게 저은 후 응고하는 것이 바람직하다.

④ 이액현상

이액syneresis은 젤이 내부의 액체를 방출하여 부피가 줄어드는 현상을 말한다. 시간이 경과되면 젤의 조직을 구성하고 있는 망상 구조가 수축하여 망 속에 갇혀 있던 액체가 밖으로 나온다. 이액율은 한천의 농도, 가열시간, 저장온도, 첨가물 등에 영향을 받는다. 한천 농도가 높고 가열시간이 길면 이액률은 낮다. 또한 젤을 저장하는 온도가 낮고 첨가되는 설탕량이 많으면 이액률이 낮아진다. 이액현상은 한천 농도가 1% 이상이고 설탕 농도가 60% 이상이면 일어나지 않는다.

(2) 한천의 이용

한천은 양갱, 잼, 젤리 등의 제조 및 미생물 배지 등 다양한 응고제에 사용한다. 또한 유제품, 청량음료 등의 물성유지제, 건조방지제, 안정제, 농후제 등으로 이용된다.

2. 버섯류

버섯은 담자균류에 속하는 고등균류를 총칭하며, 주로 그늘지고 습한 땅이나 썩은 나무에서 자라고 포자로 번식한다. 독성이 없는 것을 식용으로 이용하며, 우리나라에서 식용으로 이용되고 있는 대표적 버섯류는 송이, 양송이, 표고, 느타리, 팽이, 목이버섯 등이 있다. 버섯에는 비타민 D_2의 전구체인 에르고스테롤의 함량이 많다. 버섯은 구수한 맛을 내는 핵산 성분인 아데닐산adenylic acid과 구아닐산guanylic acid 등이 함유되어 있으며, 글루탐산glutamic acid과의 상승효과에 의해 구수한 맛이 강하게 나타난다. 또한 항산화, 항암, 항당뇨, 항고혈압 등의 생리 활성효과가 보고된 바 있다. 버섯은

표 13-1 버섯류의 구성 성분 (가식부 100g당 함량)

종류	에너지 (kcal)	수분 (g)	단백질 (g)	지방 (g)	탄수화물		무기질			비타민				
					당류 (g)	총식이섬유 (g)	칼슘 (mg)	인 (mg)	철 (mg)	베타카로틴 (μg)	B_1 (mg)	B_2 (mg)	니아신 (mg)	C (mg)
송이버섯	21	89	2.05	0.15	0.31	4.6	1	33	1.85	0	0.016	0.402	3.758	1.18
양송이버섯	15	91.9	3.12	0.23	0.77	2.1	2	11	0.62	0	0.057	0.349	3.404	0
표고버섯	18	90.8	2	0.3	-	-	6	28	0.6	0	0.08	0.23	4	-
느타리버섯	15	91.9	2.6	0.14	0.74	2.9	0	100	0.78	0	0.134	0.15	5.127	0.21
팽이버섯	21	89.2	2.41	0.51	0.54	3.7	1	82	1.02	0	0.097	0.262	1.277	0
목이버섯	13	93.6	0.79	0.19	0.12	3.6	45	15	0.28	0	0.042	0.046	0.323	0

자료 : 농촌진흥청 국립농업과학원. 국가표준식품성분표 제10개정판, 2021.

국, 찌개, 볶음, 무침 등의 다양한 조리에 이용된다. 버섯을 분말로 가공하여 빵, 국수 등에 이용하기도 하고, 추출액으로 가공하여 음료, 차, 과자 등에 부재료로 이용한다. 그 외에도 건강기능식품의 소재로 널리 이용되고 있다. 버섯류에는 효소가 많으므로 변질되기 쉬우므로 주로 건조하거나 염장하여 보관한다.

1) 송이버섯

송이버섯

송이버섯은 주름버섯목 송이버섯과에 속하는 버섯으로 소나무 숲에서 자란다. 종균에 의한 인공재배가 어렵기 때문에 희소가치가 높다. 우리나라, 일본, 중국, 타이완 등에 분포하며, 우리나라는 동해안에서 태백산맥과 소백산맥을 중심으로 경상북도 울진·봉화, 강원도 강릉·양양 지방이 주산지이다. 송이는 버섯 갓의 피막이 떨어지지 않고, 육질이 두껍고 단단하며 버섯대가 5~9 cm 이내로 두툼한 것이 좋다. 향기가 좋기 때문에 생식으로 이용하고 구이, 찜 등 담백하게 조리한다.

2) 양송이버섯

양송이버섯

양송이버섯은 주름버섯목 주름버섯과에 속하는 버섯으로 세계 각국에서 널리 재배되고 있다. 우리나라는 1960년대부터 재배하였으며, 현재는 중부 이남지역에서 봄과 가을에 재배되고 있다. 양송이버섯은 갓과 대 사이의 피막이 떨어지지 않고, 육질이 단단하고 크림색을 띠며 광택이 있는 것, 갓의 변색이나 이물질이 없는 것이 좋다. 여름철 실온에서는 변질 및 부패되기 쉬우므로 냉장 저장하는 것이 바람직하다. 수프, 샐러드, 구이 등의 조리에 이용한다.

3) 표고버섯

표고버섯

표고버섯은 주름버섯목 느타리과에 속하는 버섯으로 봄과 가을 2회에 걸쳐 생산된다. 표고버섯은 심장질환, 고혈압, 위궤양, 빈혈, 이상지질혈증, 당뇨병 등의 질환 예방에 효과가 있으며, 구아닐산 함량이 높아 특유의 감칠맛이 있다. 우리나라에서는 주로 말린 표고버섯을 이용하고 있으며, 말린 표고를 이용할 때에는 미지근한 물에 1시간 정도 담근 후 조리한다. 전골, 볶음, 구이, 탕 등의 조리에 이용한다.

4) 느타리버섯

느타리버섯은 주름버섯목 느타리과에 속하는 버섯으로 우리나라에서 가장 많이 재배되는 버섯이다. 느타리버섯은 갓 두께가 두툼하고 윤기가 있는 것이 좋고, 버섯의 대는 탄력이 있고 길이가 균일한 것이 좋다. 또한 갓 주변에 흰색의 포자가 묻지 않은 것이 좋다. 신선한 것은 데쳐서 나물로 이용하거나 국, 찌개, 전골 등의 조리에 이용한다.

느타리버섯

5) 팽이버섯

팽이버섯은 송이과의 버섯으로 팽나무버섯이라고도 한다. 자연산은 늦가을부터 초봄까지 팽나무, 감나무, 무화과나무, 버드나무 등의 고목에서 발생한다. 우리가 주로 식용하고 있는 것은 병에 톱밥을 넣고 비료를 주어 인공 재배한 것이다. 밑동의 톱밥 부분에는 배지가 남아 있으므로 조리할 때에는 밑동을 잘라 낸 후 조리한다. 주로 국, 찌개, 전골 등의 조리에 이용한다.

팽이버섯

6) 목이버섯

목이버섯은 목이과의 버섯으로 흐르레기라고도 한다. 버섯 표면은 한천질로 되어 있으며, 수분을 가하면 부드러워지고 건조하면 수축하여 단단해진다. 건조된 목이버섯은 조리하기 전에 미지근한 물에 불려 사용한다. 주로 중국요리에 많이 쓰이고, 우리나라에서는 잡채의 재료로 사용한다.

목이버섯

참고문헌

김동청, 인만진. 2018. 클로렐라 추출물을 첨가한 물김치의 품질특성. *J Appl Biol Chem.*, 61(2):125-130.

김명숙. 2009. 버섯류를 이용한 가공식품 개발: 느타리, 양송이, 팽이버섯을 중심으로. 덕성여자대학교 석사학위논문. pp. 21-23.

김완수, 신말식, 이경애, 김미정. 2008. **조리과학 및 원리**. 라이프사이언스.

김향숙, 오명숙, 황인경. 2014. **조리과학**. 수학사.

네이버 지식백과. 버섯류. https://terms.naver.com/entry.nhn?docId=367953&cid=46689&categoryId=46689

노봉수, 이승주, 백형희, 이재환, 윤현근, 정승현, 이희섭. 2013. **생각이 필요한 식품재료학**. 수학사.

농촌진흥청. http://www.rda.go.kr

박신인, 조은정. 2004. 클로렐라 추출물 첨가 국수의 품질 특성. **한국식품영양학회지**, 17(2): 120-127.

박인덕. 2016. 매생이 분말을 이용하여 제조한 만두피의 품질특성. **한국식생활문화학회지**, 31(3):243-249.

박인덕. 2016. 매생이 분말을 첨가한 어묵의 품질특성. **한국식생활문화학회지**, 31(4):357-363.

방병호, 김관필, 정은자. 2013. 클로렐라 분말을 첨가한 쿠키의 품질 특성. **한국식품조장유통학회지**, 20(6):798-804.

송태희, 우인애, 손정우, 오세인, 신승미. 2015. **이해하기 쉬운 조리과학**. 교문사.

신말식, 이경애, 김미정, 김재숙, 황자영. 2016. **조리과학**. 파워북.

윤계순, 이명희, 류은순, 민성희, 신원선, 정혜정, 김지향, 박옥진. 2015. **새로 쓴 식품학 및 조리원리**. 수학사.

이경애, 변광의, 구난숙, 김미정, 김미라, 윤혜현, 송효남. 2012. **식품학**. 파워북

이숙영, 정해정, 이영은, 김미리, 김미라, 송효남. 2009. **식품화학**. 파워북

이인선. 2018. 간장의 종류와 울금 추출액 첨가비율이 김 장아찌의 품질특성에 미치는 영향. **한국식품조리과학회지**, 34(1):57-67.

이주희, 김미리, 민혜선, 이영은, 송은승, 권순자, 김미정, 송효남. 2014. **과학으로 풀어 쓴 식품과 조리원리**. 교문사.

장혜림, 이종헌, 황명진, 최용민, 김행란, 황진봉, 남진식. 2015. 표고버섯 및 표고버섯 신품종 이슬송이버섯의 이화학적 특성 및 항산화 활성 비교. **한국식품영양과학회지**, 44(10):1484-1491.

조경련, 김미리, 김옥선, 손정우, 송미란, 최향숙, 최혜연. 2013. **이해하기 쉬운 식품과 음식재료**. 파워북.

조재선, 황성연. 2005. **식품재료학**. 문운당.

조희숙, 김경희. 2016. 클로렐라 분말 첨가가 유과의 품질특성에 미치는 영향. **한국식생활문화학회지**, 31(2):178-187.

최희은, 박화영, 김나율, 장혁순, 이난희, 최웅규. 2017. 매생이 농도를 달리한 곤약국수의 조리 특성. **한국식품영양학회지**, 30(4):847-851.

한국생물과학협회. 2014. **생명과학대사전**. 여초.

한국수산회. 2010. **수산물상식 100선**. 쵸이스디자인.

홍진숙, 박혜원, 박란숙, 명춘옥, 신미혜, 최은정, 정혜정. 2005. **식품재료학**. 교문사.

황자영, 김영재, 이선미. 2015. 설탕과 타가토스를 사용하여 제조한 머핀의 저장기간에 따른 물리적 특성 연구. **동아시아식생활학회지**, 25(1):176-182.

McWilliams, M. 2007. *Foods: Experimental perspectives* (6th ed.). NJ: Prentice Hall.

찾아보기

ㅇ

ㅈ

저자 소개

이경애

서울대학교 식품영양학과 졸업

일본 동경대학교 농예화학과 박사

현재 순천향대학교 식품영양학과 교수

황자영

서울대학교 식품영양학과 졸업

서울대학교 식품영양학과 박사

현재 동남보건대학교 식품영양학과 교수

문보경

서울대학교 식품영양학과 졸업

미국 오하이오주립대학교 식품공학과 박사

현재 중앙대학교 식품공학부 교수

이인선

용인대학교 식품영양학과 졸업

충북대학교 식품영양학과 박사

현재 군산대학교 식품생명과학부 교수

이해하기 쉬운 **조리원리**

2019년 3월 5일 초판 발행

2023년 9월 5일 2쇄 발행

지은이 | 이경애 · 문보경 · 황자영 · 이인선

발행인 | 유제구

발행처 | 파워북

주 소 | 경기도 고양시 일산동구 호수로 358-25
동문타워 2차 529호

전 화 | (02) 730-1412

팩 스 | (031) 908-1410

등 록 | 1997년 1월 31일 제2014-000067호

정 가 21,000원

ISBN 978-89-8160-392-2 (93590)

잘못된 책은 바꿔드립니다.